高等院校"十二五"应用型艺术设计教育系列规划教材

本书为2013年湖北省教育厅科研计划项目《数字……
——跨媒体的视频设计与制作》研究成果

U0038775

数字传媒时代

——网络微视频的设计与制作

主　编　刘　晗　郑　旸　张彩霞

副主编　洪　英　姚　娟　刘　瑞

合肥工业大学出版社

图书在版编目（CIP）数据

数字传媒时代：网络微视频的设计与制作 / 刘晗等主编 .—合肥：合肥工业大学
出版社，2014.5（2019.7 重印）

ISBN 978-7-5650-1825-1

Ⅰ.①数… Ⅱ.①刘… Ⅲ.①计算机网络—多媒体技术

Ⅳ.① IP37

中国版本图书馆 CIP 数据核字（2014）第 095245 号

数字传媒时代——网络微视频的设计与制作

主　　编：刘　晗、郑旸、张彩霞
责任编辑：王　磊　袁　媛
装帧设计：尉欣欣
技术编辑：程玉平
书　　名：数字传媒时代——网络微视频的设计与制作
出　　版：合肥工业大学出版社
地　　址：合肥市屯溪路 193 号
邮　　编：230009
网　　址：www.hfutpress.com.cn
发　　行：全国新华书店
印　　刷：安徽联众印刷有限公司
开　　本：889mm×1194mm　1/16
印　　张：12
字　　数：316 千字
版　　次：2014 年 5 月第 1 版
印　　次：2019 年 7 月第 3 次印刷
标准书号：ISBN 978-7-5650-1825-1
定　　价：58.00 元（本书配有教学资源）
发行部电话：0551-62903188

数字传媒时代

——网络微视频的设计与制作

编纂委员会

主　编：　刘　晗　郑　旸　张彩霞

副主编：　洪　英　姚　娟　刘　瑞

编　审：　洪威雷　张洁意

编　委：　邓　双　唐会军　胡　月

　　　　　张　迅　程　媛　涂　芳

　　　　　张　晶　郭媛媛　杨珊珊

　　　　　王　井　程　昕　全丹莉

　　　　　智　慧　胡　芳　李卫锋

　　　　　蔡　鹏

序言

在数字技术迅速推进的背景下，网络微视频的兴起已经早有时日。"每个人都是生活的导演"，正如土豆网的这句口号，普通人也开始用影像记录着对这个时代的感受。而就在十多年以前，影像的创作还只属于专业人员的工作，对普通大众而言显得那么遥不可及。数字技术和现代媒介大融合的背景之下，网络的发展和微视频的兴起，使得影像从高高的神坛走下。这种变化来自于两个方面的原因：一方面，视像文化的生存背景所酝酿出的这场颇具规模的平民运动，逐渐改变着影像创作的整体格局；另一方面，影像媒体技术突破了专业人士的垄断，计算机逐步取代了许多原有的专业级设备，影像制作逐渐向PC平台上转移，给了大众参与的可能性。这一切正是本书作者在书中所详细论述的，也正是此书撰写的理论和现实基础。

值得一提的是，随着后期制作软件功能的越来越强大，原本由摄像师所完成的许多工作，也可以由后期制作人员通过软件功能实现。同时，各种视频特效合成、音响效果、电脑图像创作等技术的合为一体，以往单一的技能对后期制作人员已远不足够，他们不仅需要掌握多种软件技术，还需要具备一定的影像艺术鉴赏能力。这就要求微视频的创作人员要具备整体创作素养，熟悉微视频设计与制作的每一个环节，才能创作出好的作品。事实上，目前网络微视频数目众多，但真正能将生活艺术地搬上屏幕者却少之又少，这也正是该书撰写的初衷。

此书为武汉东湖学院应用型教材建设成果，其敏锐地捕捉到时代的声音，在跨媒体传播的语境中，探讨针对网络微视频特点的影像创作思路，从网络微视频设计理念和视频制作技术两大维度具体分析了微视频的基本艺术语言——画面和如何将不同画面巧妙组合的艺术呈现技巧以及利用Premiere和After Effects两款专业软件进行后期制作的详细过程。撰写过程中力求走出以往此类著述只注重理论而忽视实际操作，或只谈操作而不讲求原理的误区。全书大量地结合了微视频范例，而这些范例都是出自于我们自己学生的优秀作品，并通过其中一些典型的实例，具体探讨了各种类型视频创作的方法和技巧。所精选的创作实例凝结着每位创作者的付出和汗水，而他们也正是自己作品最好的代言人。在这里也要替作者感谢这些创作者对本书所作出的贡献，他们是刘瑞、邓双、唐会军、胡月、张迅、郑旸、程媛。还要感谢收录于此书中的其他作品的创作者，因为你们的作品，激发了作者的创作热情，也才有了本书的问世。

是为序。

石元伍于湖北工业大学

2014年4月20日

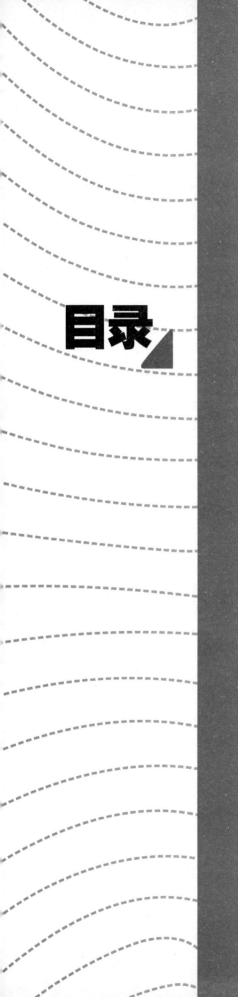

目录

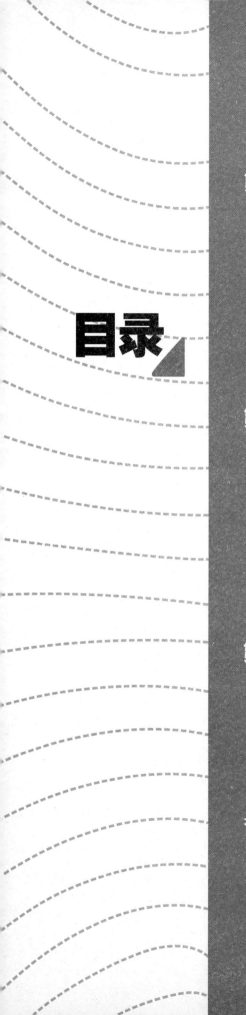

绪论　超视像化的数字传媒新时代——网络微视频的传播

"现代生活就发生在荧屏上……在这个图像的旋涡里，观看远胜于相信。这决非日常生活的一部分，而正是日常生活本身。①"　——尼古拉斯·米尔佐夫

在人类社会快速步入信息时代的发展历程中，计算机、互联网、移动通讯等现代科技手段以更加有效的方式深刻地影响着人们生活的方方面面，数字技术始终是其发展的核心技术驱动力。在大众传播领域，传播技术手段以数字制式全面替代传统模拟制式的转变过程，完美地论证了尼葛洛庞蒂所提出的"数字化将决定我们的生存"的著名预言。而在数字传媒发展到今天，视像文化已经成为"图像时代"以图像进一步把握世界的更本质追求和文化语境。在视像文化的背景之下，影像化生存似乎成为了一个新的时代主题。

影像以电影和电视为其发端，对于普通大众来说长久以来都蒙着一层神秘的面纱，但在数字技术和现代媒介大融合的背景之下，网络的发展和微视频的兴起，使得影像也从高高的神坛走下，影像的传播中制作者、销售者和消费者这三个概念之间的界限也越来越模糊。这种视频传播的"普众化"，意味着我们进入了一个"超视像"的媒体时代。此种"超视像"既表明了鲍德里亚(Jean Baudrillard)在仿像世界的概念中所提出的，我们面对的现实是一种超级现实、过度现实(hyper-reality)的世界，而另外一个方面，也是对影像化生存的更贴切的解读，即影像媒体技术突破了专业人士的垄断，具备了双向甚至多向的意义交流功能，而由此带来的网络微视频从广度到深度的快速扩张，正是一个完美的例证。②

网络微视频的一个重要意义就在于，媒介融合下的跨媒体传播突破了传统的文字的樊篱，而进入一个无处不在的"声像时代"。"如无视频，概不理会"的文化消费心态逐渐在这场"声像崇拜"的风习中演进而成。如果说跨媒体传播预示着传媒领域将进入"大同世界"的发展趋势和方向，那么网络微视频则暗合了不同媒体之间的交叉与融合、合作与共生的特点，暗示了在一个将不再有什么单一的报纸、广播、电视、网络和手机的新媒体时代，人们的媒介生存体验将会产生一个什么样的变化。

我们已经可以感受到的是，大家看电视的方式正在改变。单一的电视传播方式已不能满足个体的需要，人们可能一边看着电视节目，一边在腿上的电脑中搜索着节目的幕后花絮，并用方便快捷的"工具套装"③提取影像中精彩的微片段，即时分享到微博、社区中，还可以用手机中的微信朋友圈继续与好友分享、体验与交流……人们也不再像过去那样准点守候在电视机旁，等待着自己每期必看的综艺节目或真人秀，不再为错过了重要的新闻或者一部剧情片的精彩部分而后悔莫及，因为他们可以轻松地从网上搜索到比电视节目更全面并且适合自己口味的视频。而传统的影像传播者也在逐步改变着策略，如美国ABC电视台推出的经典电视连续剧《迷失》，除了电视之外，制作方还通过网站、杂志、报纸等多种媒体发布各种同这个神秘小岛和剧中人物相关的线索，还专门推出制作了一部手机版的《迷失》，共20集，每集只有几分钟。

①[美]尼古拉斯·米尔佐夫.视觉文化导论[M].倪伟，译.南京：江苏人民出版社，2006：1.
②邢强.微视频的媒介品质与时代意义[D].苏州：苏州大学，2009：5.
③百度旗下的高清视频网站奇艺就有为用户提供的分解电影的"工具套装"，包括片段分享功能、截图分享功能等，用户可以直接提取其中喜欢的片段转帖分享。

手机版的主要人物没有在电视版中出现过，但是又和电视版的人物和情节有着千丝万缕的联系。吸引了大批被电视剧情节弄得五迷三道的观众，特别是年轻的粉丝，全方位跨媒体地追踪剧情的发展。

在数字和网络时代，"任何人"在"任何地点"和"任何时候"可以获得"任何想要的东西"[①]。随着手机等新媒体的发展，视像文化的消费背景也为网络微视频提供了更多发展的空间。微视频契合了媒介的大规模泛化进程，但个人化浓重，实际旨趣上皈依到了古时的自媒体时代，也造成了网络微视频的一大硬伤，即它许诺每个人都有发布视频信息的权利与可能，然而真正能够将生活艺术地搬上电脑屏幕者却为数不多。从而导致它的信息海量庞杂，受众无法准确便捷地找到真正优秀的作品[②]。

更为重要的是，微视频的真正意图不是"谋反"，而是"对话"。互联网的普及和多媒体技术的发展给了普通的艺术爱好者一个开放的平台，导演可以不再是特殊的精英群体，每个人都是自己生活的导演，通过自己的创作体验发出个性化的声音，同时也丰富着民间的影像纪录。另一方面，视频后期制作软件功能越来越强大，各种特效合成、音响效果、电脑图形创作等技术合为一体，使得视频后期制作人员所承担的工作份额越来越大，以往单一的剪辑技能已远不足够，不仅需要掌握多种软件技术，还需要培养整体的艺术感知能力。因而，一部成功的微视频的创作，主创人员不用太多，但却需要具备较高的艺术修养和技术水准，真正地融技术与艺术于一身，才能真正实现"对话"的基础。

①王菲.媒介大融合[M].广州：南方日报出版社，2007：9.
②邢强.微视频的媒介品质与时代意义[D].苏州：苏州大学，2009：27.

第 1 章 跨媒体传播中的网络微视频

1.1 微视频界说

微视频，是在"数字视频"大类目下的一个细分，泛指时间很短的视频短片。关于微视频的长度说法不一。有的认为视频长度一般不超过 60 分钟，有的则明确提出在 1 分钟以内。其中优酷网总裁古永锵的说法比较有代表性，他将微视频解释为"短则 30 秒，长则不超过 20 分钟，内容广泛，视频形态多样，涵盖小电影、纪录短片、DV 短片、视频剪辑、广告片段等，可通过 PC、手机、摄像头、DV、DC、MP4 等多种视频终端摄录或播放的视频短片的统称"①。我们认为，视频长度不是决定微视频的绝对标准，微视频以"微"见长，不仅在于它的短快精，还在于它具有生动易读的品格，同时也具备数字视频制作方便快捷的特点。另外，微视频应适合于在所有终端浏览和展示，尤其是手机媒体。只有这种制作上传和共享的随时随地与随意性，才能保证大众参与的广泛性和在跨媒体之间的有效传播。

微视频天生就与网络传播相伴随，为行文简洁，本书中所言及的"微视频"，实际上指称的就是"网络微视频"。本书的主要研究对象以及列举的微视频实例，主要是一些具有一定主题和涵义的原创型微视频作品，通常具有较高的点击量，一般的播客、拍客所拍的碎片化的视频片段不在讨论之列。书中提及并介绍到的综合实例，都作为网络作品而上传，并受到网友的大量点击，并且在手机等新媒体中广泛传播。微视频的出现，势必与传统影视内容形成充分互补，不仅符合现代社会快节奏生活方式下的网络观看习惯和移动终端特色，也可满足娱乐爆炸、注意力稀缺时代消费者的自主参与感和注意力回报率的需求，"微视频"带给大众的也将是随时随地随意的网络视频享受，并成为跨媒体传播的重要内容。

微视频种类繁多，内容也包罗万象。在网络中经典流传的，有以恶搞讽刺为娱乐的如《一个馒头引发的血案》《万万没想到》《报告老板》等，有以传播知识、点评时尚为卖点的脱口秀类微视频《陆琪来了》《罗辑思维》等，有以叙述情感、怀旧感伤为主旨的如《1000 秒计划》《再见金华站》等，还有表现摄影技术的如《这就是上海》《韵动中国》等，当然广泛传播的还有一些以教育教学为主旨的学习类微视频如各类网校的学习视频，以及各式各样的广告视频、动画视频。微视频的制作、上传、浏览、评论中，激情饱满的年轻人是绝对的主角。"每个人都是生活的导演"，习惯了用 DV、手机拍摄，用网线、蓝牙上传的年轻人，传授着自己的知识与经验，讲述着自己个性化的故事，用影像记录着对这个新时代的感受。

1.2 微视频创作的主要类别

1.2.1 基于传统影视的模仿衍生微视频

模仿型微视频，指的是根据已有的影视作品改编、翻拍或者恶搞而生的视频作品。其中恶搞型的作品往往具有极高的点击量。《一个馒头引发的血案》可谓是这类微视频的鼻祖。此类作品往往以热播中的经

①古永锵.微视频在中国的机会，http://tech.china.com，2006 年 10 月 23 日

典影视为母本，以当下社会时政为原材料，通过戏拟、拼贴、降格等方式，截取影视作品的镜头段落，利用多媒体技术将母本画面重新拼贴、剪辑并配上新的声音，生产出全新意义的、以自娱和娱人为目的的微型视频。恶搞片之所以流行，一定程度上是因为它迎合了大众娱乐化狂欢的心理诉求，这一诉求在网络世界中发挥到极致，较好地缓解了社会转型期人们的社会压力；另一方面，它所代表的对精英的嘲讽和对经典的戏谑，与后现代文化中反经典、反权威、反中心的文化旨趣相一致。它所奉行的正是对经典影视的去神圣化和去精英化，冲击着精英阶层的话语权，是草根阶层在网络世界话语的狂欢，在新时代有着其必然的现实意义。当然，有一些视频作品出于纯粹的恶搞，缺失了必要的内容和意义，因而也只能沦为恶作剧之流。

另一种由传统影视衍生而来的微视频，往往是从一个影视作品中筛选、截取过来的有着特殊意义和内涵的经典片段，我们可以在越来越多的网站上看到这样的片段版视频。它一方面很好地满足了网络传输的快捷和便利的要求，另一方面也形成了一种碎片化的观赏习惯，而这种习惯在数字传媒时代，会越来越明显。

1.2.2 基于用户分享的 UGC 原创微视频

UGC 是 "User Generated Content(用户原创内容)" 的缩写。在一些组织中也将其称作 UCC，即 User Created Content 。无论是哪种解释都强调了用户的创造与分享。它是与 Web2.0 概念相伴而生的一种用户使用互联网的新方式，即由原来的以下载为主变成下载和上传并重。视频分享网站是 UGC 的主要应用形式。YouTube 等网站都可以看做是 UGC 的成功案例，其他的如优酷网，土豆网，搜狐视频等。这类网站正是以视频的上传和分享为中心，以此建立用户之间的粘性，网民基于共同喜好而形成好友关系。

由于视频网站的内容同质化严重，"原创"作品成为视频类分享网站的核心竞争力。这里的"原创"，指的是完全由用户创作，既非现有影视作品的改编，也不是由广大网民互动参与而产生的作品。一部好的原创作品虽然拍摄器材可能相对简单，仅仅是凭借 DV、单反甚至是手机拍摄，但由于融入了作者的艺术创作理念，能引起观者的赞赏或者情感共鸣。一般来说，一部能受网友关注的原创微视频作品，往往具备对传统电影技法的有意模仿，如遵循一定的机位原则，具备蒙太奇的剪辑思维，画面的构图合理，转场、跳、切流畅自然，形成富有气氛的影片色调，具有表现力的音乐音响效果。除此之外，原创作品往往还有蕴含意义的主题、完整的故事和结构，而这些都离不开一个好的原创剧本和分镜头剧本的撰写。

1.2.3 基于网民体验的网络互动微视频

网络互动微视频，有两种不同的表现形态，一种更偏向于影视剧，一种则偏向于游戏。

对于前者而言，我们更多地称为网络互动剧，主要是借助于网络平台的网友互动丰富和发展剧情，实质仍然是传统剧的延伸。如《Y.E.A.H》利用最先进的在线视频互动技术，强调网友参与整个剧集的发展。全剧 52 集，每集时长 15 分钟，剧集周一至周五播出 5 集，周末进行网友投票，决定下周剧情走向和主人公命运。摄制组会事先拍摄出几种剧情，网友票数胜出的则被选中成为正式的剧情。这种形式的互动更多地只是利用了微视频作为一个发布平台和意见收集平台，观众们并没有真正地参与到制作之中。[①]

对于后者而言的网络互动剧，更像是一种新的基于视频感受的游戏形态，是一种用户能"玩"的交互式网络视频，是一种游戏化的视频，或者说视频化的游戏。用户在观看互动剧时，每触发一个情节点，都

①邢强 . 微视频的媒介品质与时代意义 [D]. 苏州：苏州大学，2009：11.

需要通过点击视频播放器内的选项按钮，来"选择"剧情的走向。用户在"玩"互动剧的时候，就像玩一款游戏一样，从一开始就将扮演剧中的主角，并随着剧情的深入，遇到不同的分支剧情；选择不同的分支，则会进入不同的叙事段落，并遭遇不同的结局。如果判断错误，则会最终导致 Game Over；只有每一次选择都正确，才可以观看到完美结局。这种形式的互动视频不但把视频当作制作工具、可以在视频上发布流传，而且它的全部意义就在于用户参与的全过程，具有极强的个人化体验。这种互动性视频从表面看上去类似 FLASH 游戏，然而其内核动用的是视频的理念，即由自然人的意志来随机随意地扮演完成，从本质上而言也更像一场真人角色扮演的游戏视频。这可以算是微视频技术的一个功用分支。具有代表性的典型意义的作品有施勇的《欢迎》(2000 年)、《谁杀了我？》(2003 年)《一次约会——你我的爱情故事》(2006 年)，冯梦波的《Q4U》(2005 年)，缪晓春的《春节》(2007) 等。[1]

1.3 原创微视频的艺术构思基础

原创微视频应该是微视频存在的主要形式，这也是本书微视频所指涉的对象。一个好的原创作品最能打动观众的地方，是作品的主题。主题与艺术有关，艺术和技术并存于作品之中，艺术讲求审美和精神；技术针对实用和物质。好的艺术是关乎美学的，而好的技术则是关乎技能的。

（1）主题

主题，是作品要表现的中心思想，凝结着作者的创作意图，也是存在于一部作品中"我们能共同感受的东西"，也就是一部作品的内涵和意义。主题，对于原创性微视频来说有着重要的价值。好的作品总是将一定的价值判断或主观意图融入其中，它能直指人的内心，引起人内心情感的丰富和共鸣，引发对人的反思。一部微视频作品能否受到欢迎，最关键的还是其所达到的艺术水准，要"好看"、"有内容"，才能真正地吸引广大的网民。

受软件技术和网络操作技术等限制，网络原创微视频的创作主体大多以年轻人为主，所表现的主题则多与青春题材有关。以《Yestoday 博物馆》[2]为例，这是一部关于青春、爱情、梦想、选择、现实的校园题材剧，剧中的博物馆是一个收藏过去梦想的地方，而馆长则是一个在片中从未真正露面的角色，是一个虚化的符号，代表着"智慧的旁人"，也代表着主人公内心的声音。整个故事围绕着爱美和减肥、追星和考研、爱情和工作、梦想和放弃之间的种种矛盾，描述着现代社会年轻人在理想与现实冲突之下的生活体验和价值判断。片中最富有哲理的话语通过馆长之口说出："妥协的珍贵之处不在于我们放弃了什么，更在于我们坚持了什么"，因此最重要的是 today，我们在干什么，即"yes today"。

（2）结构

完整清晰的结构是网络微视频的基本要求，既要有满足剧情需要的合理的人物角色的设定，又要有清晰的开篇、发展、冲突和结局，既要有故事性，又要有戏剧性，以充满悬念或矛盾的事件推动着情节的向前发展。在 2013 年学院奖锐澳广告《最后的任务》[3]中，整个故事围绕着箱子而展开。

①邢强．微视频的媒介品质与时代意义 [D]．苏州：苏州大学，2009：11
②见本书第 7 章综合实例《Yestoday 博物馆》，视频网址 http://v.youku.com/v_show/id_XMzQyMzc1Mzg4.html
③张迅、熊琦作品，视频网址 http://V.youku.com/v_show/id_XNTQ2NTQ1NTUy.html

图 1-1

图 1-2

开篇："箱子志在必得"，由一个箱子而引出代号为"缤纷世界"的最后的任务。（图 1-1、图 1-2）

发展："兔子已进窝"，行动目标出现，行动正式展开。（图 1-3、图 1-4）

图 1-3

图 1-4

冲突：丛林打斗、追赶，一切为了箱子。（图 1-5、图 1-6）

图 1-5

图 1-6

结局：任务完成——为了让生活更有色彩。（图 1-7、图 1-8）

图 1-7

图 1-8

（3）剧本或分镜头剧本

微视频虽然短小，但大多时候也需要有一个完整的剧本作为前提。剧本是拍摄微视频的基础，也是视频分镜头创作的基础。作为剧本的创作者如果不是微视频创作的导演，就应尽可能地给导演和演员留下创作的余地：不需要过多的细节描写，这样才可能给导演和演员留下更多的创作空间。但通常情况下，我们可能需要一个详细的分镜头剧本。（表 1-1）

表 1-1《最后的任务》分镜头剧本（前四场）

镜号	景别	技巧		地点	画面内容及人物对话	道具	备注
		拍摄	剪辑				
1	特写			室内	打火机火一直开着，镜头慢慢地聚焦，最后扣上	打火机（许圣）	第一场
2	中景	滑轨			A 的背面说：我们一直奋战是为了什么		
3	特写	稳定器			由下至上移动着拍 B（从手上的刀到帽衫，帽子戴在头上）	刀（熊琦）	
4	中景	滑轨			C 带着拳套在空中挥舞着拳头		
5	中景				D 一只脚踩在凳子上随意地坐着。3、4、5 景随着画外音：是为了挣脱黑暗		
6	中景				A 的后侧面（脸部轮廓出现）这是最后的任务了，行动过程你们已经很清楚了，箱子我们是志在必得，最后一句边说边转过身去（镜头拍转身动作不拍脸）		
7	大全景				明白吗？B、C、D 已经整齐地站在身后：明白！		
8	近景	稳定器			从手上的火移到脸部：好，行动代号：colorful world 全员出发 A 转身离开，把火打开放在桌子上。火焰吹向一边……摇镜头！！		
1	中景	稳定器跟拍		山上	D 提着包在林间穿梭	包（熊琦）	第二场
2	大全景	滑轨			D 提着包在林间穿梭		
3	全景	稳定器			在一定的高度俯拍 D 提着包在林间穿梭		需要一些 XX 垫到一定高度
4	全景				D 爬楼梯（一层）		
5	中景	稳定器			X、Y 开始运送	箱子（未知）	

（续 表）

镜号	景别	技巧		地点	画面内容及人物对话	道具	备注
		拍摄	剪辑				
6	特写				箱子		
7	近景				X		
8	近景				Y		
9	中景	滑轨			X、Y 行走		
10	远景	滑轨			X、Y 行走 5—10：他们的出发地点我们已经知道了（谷歌地图标注），一定要在到达终点前拿到箱子，但是不要惊动任何人		有前景
1	大全景		天台		D 拿着袋子走在天台上		第三场有前景，人虚化
2	全景				D 拿着袋子走在天台上		
3	中景	稳定器			D 走到位置，放下包，拉开拉链		
4	近景				D 拿出望远镜看向下方		
5	中景	俯拍			X、Y 行走，摇镜头，到后面跟着的 B 身上		
6	全景	俯拍			X、Y 行走，摇镜头，到后面跟着的 B 身上		
7	中景	稳定器	跟拍		B		
8	近景				B		
9	近景	滑轨			B		
10	中近	稳定器	跟拍		X、Y 背面		
11	中近景				XY 走过，B 接着走过		
12	大全景	滑轨			B 跟着 XY		有前景
13	全景				XY 行走		
14	特				X 观察四周		
15	中				路人		群众演员

（续 表）

镜号	景别	技巧		地点	画面内容及人物对话	道具	备注
		拍摄	剪辑				
16	全景				两个路人聊天		
17	中	滑轨			X、Y走过，调整焦点，凳子上的C斜眼看向X、Y		
18	近	稳定器	跟拍		X：被老鼠咬住了。你走门，从侧面出去		
1	近到全			食堂	X、Y加速进门，Y直走，X向右		第四场
2	中	稳定器	跟拍				
3	中	稳定器	跟拍		背面B跟进去，向右看了一眼，继续直走		
4	全景				X上楼		
5	中远	稳定器	跟拍		B跟着Y		

分镜头脚本通过详细的画面景别、拍摄和剪辑技巧、场景描写、画面具体内容、同期声或音响及音乐，以及必要的道具，甚至是时间的准确预算，给拍摄者提供了确定的拍摄方案。

第2章　网络微视频的创作流程和总体要求

2.1 总体创作流程

无论是传统的影视创作，还是现在个人化的微视频创作，虽然有着本质的区别，但其创作流程却有共同之处。一般来说，都可以分为前期准备、实景拍摄和后期制作三个主要阶段。对于微视频而言，也许我们可以将这一过程分为设计和制作两大部分。

微视频的设计除了拍摄前期的艺术构思外，还包括拍摄中画面的艺术建构和不同画面巧妙组合的艺术呈现技巧。正如前文所述，艺术构思来自于作者对主题的提炼、剧本的创意和分镜头脚本的确定。同时，这一过程还伴随着一系列具体拍摄条件的考虑，如资金预算、演员造型、拍摄选景、道具服装等复杂的因素。当然，对于某些微视频来说，也许是突然抓拍到周围的特别的场景或富有意味的人物，短短数分钟发生的事情被记录下来。而能够这样做的前提是长久的生活积淀已经在脑海中形成了一定的预设。

我们已经知道，拍摄是指利用摄影机记录画面的过程，这时拍摄的素材可以说是打造最终成片的基石。与传统的影视艺术一样，微视频设计的核心艺术语言以画面为主、声音为辅，而画面又受到景别、角度、运动、构图、光线和色彩等各种艺术元素的综合影响。所以我们可以看到一些剧情或者内容平淡的微视频，却也能受到网友的好评，其很大原因就在于其拍摄的手法和画面的艺术感能独树一帜。在艺术元素组合建构的同时，通过现场机位的场面调度和镜头组接的技法，将各种艺术元素最大效度地优化组合，实现导演的创作意图。

微视频的制作是指传统意义上说的后期制作阶段。当然，数字时代的后期制作与传统意义上的后期制作有着根本的区别。从基本剪辑而言，数字时代的剪辑将素材资源存储到计算机磁盘中，利用计算机的运算与数据读取进行剪辑，以简单的鼠标及键盘操作的软件技术替代了剪刀和浆糊式的手工操作，剪辑结果可以实时预览，大大提升了制作的效率。数字剪辑的另外一个好处，是可以建立一个强大的视频素材库，素材库的资源可以是原创的素材，也可以是整合而来的各种其他类型的网络资源。网络的资源共享性让我们可以存储一些已有的好的素材，作为我们后期剪辑的重要资料来源。另外，随着数字合成技术的迅速发展，后期制作又肩负起了一个非常重要的职责：特效制作。特效镜头的制作是指通过技术手段呈现出无法直接拍摄到的镜头。早期的影视特效大多是通过模型制作、特殊摄影、光学合成等传统手段操作，再通过拍摄及冲印技术实现。而基于数字技术平台的计算机软件特效制作提供了更好更多的手段，直接通过计算机的3D建模和数字合成科技来制作完成，电影《阿凡达》就是这方面的一个典范。

网络微视频，尤其是一些片头、广告、MTV中，我们经常可以看到一些画面由很多没有关联的物体嵌合而成，这显然不是通过拍摄而是通过合成得到的。合成最大的意义来自于审美形式上的颠覆，将不可能轻而易举地变成可能，而真实已经显得不那么重要了。

经过了这样一个设计和制作的流程之后，微视频成品通过网络上传，获得网民的关注与分享，最终在各种数字媒介中得到跨媒体的传播。通过以上的介绍，我们大致以下图作为一个总结，从中可以看到微视频设计与制作的基本流程。（图2-1）

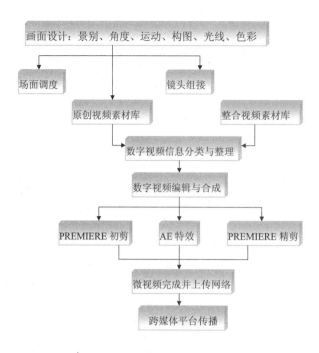

图 2-1 微视频的设计与制作的基本流程

2.2 视频设计师与后期制作软件

在数字传媒时代，微视频的制作与分享已经成为一种新的生活方式。而在这个领域，活跃着一个新锐的群体，他们既具有一定的艺术修养，又具备完全的技术才能，他们凭借着自身的审美感受和电脑软件技术实现着对各种类型视频的整体包装。我们叫他们视频设计师。视频设计师可以为电视台制作节目包装，可以为企业进行品牌动态视频设计，为电影制作片头或宣传片以及为游戏设计各种特效，当然最重要的是他们可以自由地设计自己所喜欢的个人化的视频作品，并在跨媒体的平台中分享传播。很多经典的微视频作品可能就是来自于这一个群体的创作。

作为一个商业的视频设计师，当然要掌握全套的视频处理软件，这些软件包括：Photoshop（PS），Illustrator，Acrobat，After Effects，Premiere，Indesign，3D MAX，Cinema 4D 等。如果我们只是需要去完成一部个人的完整的微视频作品，其中这样的两款软件是必须要掌握的，一个是 Premiere，另一个是 AE。在影片《阿凡达》中，正好也用到了这两款软件，通过 Premiere，影片将单个的镜头组成连贯的有意义的镜头，而通过现场使用 After Effects（AE），可以迅速评估实景要素与 CG[①]要素的构成，并观察到演员们的实时表演情况。当然，我们大多数时候是通过 AE 来制作视频特效。这两款软件和 Photoshop，Illustrator 一样，都由 Adobe 公司出品。

由于同属于一个公司，所以两款软件和其他相关软件之间具有较好的兼容性。两款软件的优势也很明显，以 AE 为例：(1)AE 和 Photoshop 一样，是一款基于图层操作的软件，AE 可以把项目输出成 PSD 的层文件，

① CG 是 Computer Graphics 的简称，指的是计算机图形，即使用数学算法将二维或三维图形转化为计算机显示器的栅格形式。

在 AE 合成里面的每一层就是 PSD 文件里的一层。所以我们可以直接利用 PS 修改其中的某一层，即单个的元素，而不需要整体进行修改和渲染。(2)AE 有一套非常完善的快捷键，可以帮助我们完成大部分的编辑，如果能熟练掌握这些快捷操作，效率比其他软件会提高很多。(3)AE 实际上是动态的 Photoshop，AE 的滤镜有很大一部分是和 Photoshop 相同的，层叠模式也几乎和 Photoshop 一样。如果具备 Photoshop 的基础，可以凭借经验灵活地在 AE 中尝试各种特效组合，并即时更换，这也是层软件相当于节点软件所表现出来的一个优势。(4)AE 有很强的整合能力，它对 Photoshop，Illustrator，Premiere 这些 Adobe 的软件是完美支持的，别的三维软件，也会尽力去配合 AE。所以在团队合作时，AE 更有利于资源的分享。同时，AE 也是一款相对来说比较稳定的软件，而这一点对后期制作人员来说是非常重要的。

就 Premiere 而言，它是 AE 的一款兄弟软件，做好的各种视频特效片段最后可以在 Premiere 中完成组合和拼接。另外，Premiere 现在也增加了更多的特效插件，很多工作直接就可以在 Premiere 里面完成了。

以动画微视频《M 先生的一天》[1]为例，我们通过其分镜头脚本可以看出，整个的制作过程都是在电脑中完成，作者先用 Illustrator 和 Photoshop 绘图，而后用 Premiere 完成视频剪辑。创作者则既扮演了设计者的角色，也扮演着剪辑师的角色。（表 2-1）

表 2-1《M 先生的一天》分镜头脚本

镜 号	画 面	内 容	秒
①		① BGM：海贼王插曲（截取） ②四个数字分别从右上角逐个跳入到画面正中 ③第一秒开始跳入，第三秒结束跳入	3
②		① BGM：开头（欢快） ②从右边滑动到左边消失，中间在画面正中时停留一秒	2
③		① BGM：开头（欢快） ②第 6 秒时文字从画面偏左处慢慢展开（从小变大），拉伸展开后再向中心缩小消失	7
④		① BGM：开头（欢快） ②由黑渐变到画面 ③用摇镜头的视觉感 ④由近到远地拉伸镜头 ⑤太阳从左下角逐渐移动到右上角	12

①程媛作品，视频网址 http://v.youku.com/v_show/id_XNzAONDc1NDE2.html

（续　表）

镜 号	画 面	内 容	秒
⑤		①BGM：开头（欢快） ②先生从右向左移动 ③从左向右移动 ④在画面正中停止	6
⑥		①BGM：开头（欢快） ②帽子，领结，包包从人物右侧飞到人物身上 ③气泡框在右上角逐渐显示出来	6
⑦		①BGM：开头（欢快） ②水平翻转（效果）过渡到画面 ③人物由近向远移动，消失	5
⑧		①BGM：植物大战僵尸 ②从41秒开始进入上班画面 ③用移动镜头逐个显示卡通方格内的画面 ④1分15秒处停止	32
⑨		①BGM：开头（欢快） ②水平翻转（效果）过渡到画面 ③人物从右侧由远到近移动，消失	7
⑩		①BGM：开头（欢快） ②风车划像（效果）过渡到画面 ③人物由右侧向左侧移动 ④由左侧移动到画面中间停止 ⑤烟斗飞入人物身上	5
⑪		①BGM：开头（欢快） ②透明度渐变到片尾 ③"完"字由小变大出现 ④"完"自转两周停止 ⑤整个画面缩小，结束	5

2.3 微视频创作总体要求

微视频创作属于数字视频创作的一个重要领域。从整体来看，这一过程既包括前期拍摄的数字化，即使用全数字化的摄影系统来获取影像素材，也包括后期制作的数字化，通过使用非线性编辑软件和强大的数字特效处理软件来完成片头特效、粒子效果、抠像处理、动画设计、光影调色等，还包括视频传播的数字化，即使用在线的网络传输技术来实现作品的上传下载，实现大众化的传播。

微视频虽然短小，但也同传统的影视作品一样，要受到影像艺术思维的指导和制约，尤其对于剧情类的微视频作品更是与一般的影视作品的创作流程一样，需要前期的剧本创作、人物设计、分镜头编写，中期的拍摄，以及后期的合成等完整的创作过程。创作者只有了解了影视创作的基本原理和艺术技巧，才能整体提升微视频的艺术创作与技术水准。

另外，微视频的设计与制作应该体现其传播载体的特性。新媒体是微视频的最常见的载体，而手机与网络通讯的融合，使得手机影像成了"移动的电影院"。手机移动性和便携性的特点，满足了人们随时随地的观影体验，当然也对视频的传播提出了不同于传统媒体的方式和要求。如手机相对小的屏幕决定了通过手机传播的微视频不应以大场面或景色为主，而小屏幕所带来的视觉疲劳和人们利用碎片化时间使用手机的特点，也决定了手机视频的长度相对更短，内容、形式、情节构造等都要更为简洁，多为单一线索的叙事结构。举办了首次全球手机电影节的美国 Zoie 电影公司 CEO 维多利亚·韦斯顿 (Victoria Weston) 女士认为，现在手机电影最好的表现方式是"演员看着摄像头来向观众们讲故事"，"影片一定要简单。即使是只拍摄了一条鱼儿游泳的两分钟的彩色动画，那也是很完美的"，她说，"我想，在这么小的手机屏幕上，那些惊险刺激的镜头并不是什么好主意"[①]。由此可见，微视频的设计与制作应该充分适应手机等新媒体的媒介特点，才能进行有效的传播。

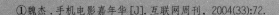

①魏杰.手机电影嘉年华 [J].互联网周刊，2004(33):72.

第3章 微视频设计的艺术语言——画面

每一门艺术都有它自己独特的艺术语言，或者说表现元素。例如绘画的艺术语言主要是色彩、线条、构图；戏剧的艺术语言主要是台词、唱腔、表演；文学的艺术语言主要是文字。而微视频设计的艺术语言主要是画面和声音，画面则是构成微视频最基本的语言形式。在微视频的前期拍摄中，摄像师会根据分镜头剧本和导演的要求，通过摄像机角度、方位、焦距的变化，获得不同构图形式与造型特征的画面；在微视频的后期剪辑中，剪辑师会通过镜头画面的运动、景别与角度的多变等诸多画面构图因素，结合主体动作、时空关系来组接镜头画面。本章将从画面定义、景别、角度、运动、构图、光线和色彩这几种艺术元素来介绍如何运用好画面这门微视频艺术语言。

3.1 认识画面

3.1.1 什么是画面

画面，俗称镜头。两者是可以通用的，是一个对象的两种称呼，只不过因场合不同各有选择。比如在导演部门和制片部门称为镜头而不称画面，在摄影、摄像部门则经常称为画面。从拍摄角度讲，画面是拍摄过程中，摄像机从开机到关机一次性拍摄下来的一段连续画面内容。从观众角度讲，画面是两个镜头之间的那段素材。

为了更好地理解画面，这里引用经典电影《巴顿将军》开场的十二个画面。(图3-1~图3-8)

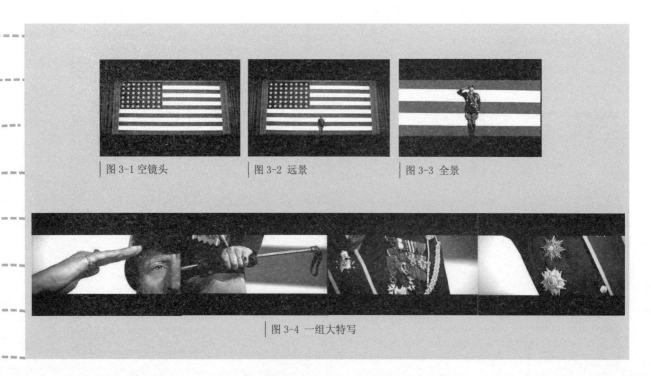

图3-1 空镜头　　图3-2 远景　　图3-3 全景

图3-4 一组大特写

图 3-5 近景

图 3-6 两个特写

图 3-7 大特写　　图 3-8 远景

　　这十二个开场的画面交代了影片的背景以及主人公的身份、地位和官衔。由此可以看出影像是通过不同景别、不同角度、各种造型的具体形象的画面来说话的。那么画面具有什么样的特点呢？

3.1.2 画面的造型特点

（1）运动性

　　相比静态的图片画面，视频画面是一个动态持续的结构，运动是画面必不可少的造型特点。画面的运动包括被摄主体自身的运动（图 3-9）、摄像机的运动（图 3-10）以及后期剪辑的特效运动（图 3-11）。

（2）时限性

　　在运动的画面中，画面运动的开始称为"起幅"，画面运动的结束称为"落幅"，在起幅与落幅之间存在一个调整画面的时间过程，按照这个时间长短又可分为"长镜头"和"短镜头"。一个画面必须在有限的时间内，把所有表现的特定内容，准确地传达给观众。（图 3-12）

图 3-9 微视频《Yestoday 博物馆》

图 3-10 微视频 《最后的任务》

图 3-11 微视频 《标签》片头①

图 3-12 微视频 《标签》第一张图片即为起幅，第四张图片即为落幅

（3）画幅形式的固定性

在绘画艺术创作中，画家可以根据题材的不同选择画幅形式、尺寸、横幅条幅等。但是在视频创作中，导演不能像画家一样自由选择画幅尺寸，只能根据固定的屏幕画幅比例去构图和组织画面，在固定框架下进行艺术创作。在微视频设计中可以参考常见的电影画幅比例：1.33:1（图 3-13）、1.85:1（图 3-14）、2.35:1（图 3-15）。

①视频网址：http://v.youku.com/v_show/id_XMjIxNDg5NzAw.html

图 3-13 电影《乱世佳人》

图 3-14 电影《英国病人》

图 3-15 电影《细细的红线》

3.1.3 画面的艺术构成元素

微视频的艺术设计，很大程度上与画面的拍摄美感有关。构成画面的艺术元素主要有以下几种：

（1）景别：远景、全景、中景、近景、特写。

（2）角度：按照几何角度来分有垂直角度（俯拍、平拍、仰拍）和水平角度（正面、侧面、斜侧面、背面）两类；按照心理角度来分有客观镜头、主观镜头和主客观镜头三类。

（3）运动：推镜头、拉镜头、摇镜头、移镜头、跟镜头、升降镜头。

（4）构图：对角线式构图、对称式构图、斜线式构图、S 线式构图等。

（5）光线：按光的来源有自然光、人工光、混合光；按光位有顺光、侧光、逆光、顶光；按照布光类型有主光、辅光、轮廓光、背景光、装饰光、效果光、场景光。

（6）色彩：色调与影调。

画面的这些艺术构成元素形成一个有机的、统一的整体，在画面造型的创作过程中，共同完成画面内容表达和信息传播的任务。所以在实际拍摄过程中必须对各元素加以整体的统筹安排和考虑，不能顾此失彼。

3.2 画面景别

3.2.1 景别概述

摄像机与被拍摄对象之间的距离远近不同，被拍摄对象呈现在镜头画面中的大小也不同，我们称这种取景范围的不同为景别，通俗的说就是指被摄体所占的画面范围或面积大小。

决定一个画面景别大小的因素有两个。一是摄像机和被摄体之间的实际距离，即物距。当摄像机和被摄体之间的距离越远，被摄体占有画面的面积越小。当摄像机和被摄体之间的距离越近，被摄体占有画面的面积越大。二是摄像机所使用镜头的焦距长短，即焦距。拍摄同一主体时，角度一定，焦距越长，被摄体占有画面的面积越大。焦距越短，被摄体占有画面的面积越小。由此可知不同景别可在同一角度、同一焦距下，以与被摄体的不同距离拍得；也可以用同一角度、同一距离上的不同焦距的镜头来拍摄画面而成。按照主体在画面中所占面积或按成年人的身体尺度为标准将景别大致分为远景、全景、近景、特写。图3-16 显示了根据人物尺度为标准的景别划分。

图 3-16

3.2.2 远景

远景是画面景别中视距最远、表现空间范围最大的一种景别。如果以成年人为尺度，由于人在画面中所占面积很小，有时呈现为一个点状体。远景主要表现茫茫群山、浩瀚的大海、无垠的草原、山川走向等自然景观和战争场面、群众集会场面等开阔场景两方面。

远景还可细分为大远景和远景两类。大远景特指那些被摄主体与画面高度之比约为 1:4 的构图形式（图3-17），其画面特点是开阔、壮观、有气势、有较强的抒情性以及画面结构通常简单、清晰。远景则是主体在画面中所占比例呈现为 1:2 的高度关系（图3-18），其画面特点是开朗、舒展以及一些宏大的形体轮廓线能够清晰地表现出来，如黄河的走势、长城的蜿蜒等等。

图 3-17　微视频《武汉东湖学院图书馆微宣传片》[1]　　图 3-18　微视频《武汉东湖学院图书馆微宣传片》

　　远景不注重对某一具体性事件的介绍，而是关注对景物和事件的宏观表现，力求在一个画面内尽可能多地提供景物和事件的广阔空间、规模、气势、场面等方面的整体视觉信息，讲究"远取其势"的技巧。

　　远景也属于情绪性景别。说到远景就有必要提一下"空镜头"（图 3-19）。空镜头是与远景相关的一个概念，一般地说，关于空镜头的解释是"画面中没有人物"。空镜头具有多种作用，例如介绍环境背景；抒情与表意，即所谓的"人空而情不空"；形成段落间隔、缓和节奏、分割情景线索以及转换场景空间等。

图 3-19　微视频《光与音》[2]

3.2.3　全景

　　全景是基本的介绍性景别，表现某一人物全身形象（图 3-20）或某一具体场景全貌（图 3-21）的画面景别。全景一般用在整个段落的开始，对整个环境作基本的介绍。全景画面能将被摄体全貌表达清楚，同时保留一定范围的环境和活动空间。通常在拍内景时，作为摄像的总角度的景别，因而也被称为定位景别。

　　全景能营造出一种客观化的关注效果，在纪实性的场景记录中，最能直接表现其外观整体形象，充当记录者的角色。

①见本书第 7 章综合实例《图书馆微宣传片创作实录》，视频网址 http://v.youku.com/v_show/id_XNTczMzI1MzIO.html
②视频网址 http://v.youku.com/v_show/id_XNDg5NDc2MTIO.html

全景画面与远景相比，有明显的内容中心和结构主体，同时也是画面构图中集纳造型元素最多的一种景别。由于全景所涵盖的画面信息较多，如果在一个场景中连续使用全景的话会造成视觉的疲惫。

图 3-20 微视频《Yestoday 博物馆》

图 3-21 微视频《武汉东湖学院图书馆微宣传片》

拍摄全景画面时，应注意主体在结构上的整体性和内容上的丰富性，突出富有特征的轮廓线条，不要在细节刻画上下太多工夫。注意突出被摄主体和环境的相互关系。为了加强全景空间感的表现可以选择适当的前景。为了突出主体，应选择与主体色调不同的背景，暗主体，亮背景；亮主体，暗背景。

3.2.4 中景

中景是最常用的叙述性景别，表现成年人的膝盖以上、腰部以下（图 3-22）或场景较大局部（图 3-23）的画面景别，主要用来介绍主体状态、人物之间关系或情绪交流。与远景和全景相比，中景画面中人物整体形象与环境空间降为次要地位，更加注重的是人物的主要动作和具体情节，因而中景也最擅于刻画人与人、人与物之间的关系。

当中景的拍摄对象是是人时，应注意抓拍人物丰富的表情和动作，要能预见到情节的发展变化，做到尽可能提前开机，关键处不要停机；拍摄对象是物时，要注意突出表现物体的形状和质感，抓住物体最富有表现力的结构和线条，并注意光线的运用与表现。

图 3-22 微视频《再见大花岭》①

图 3-23 微视频《三国杀之追》②

①视频网址 http://v.youku.com/v_show/id_XNjg0MzU4MTYw.html

②视频网址 http://v.youku.com/v_show/id_XNDkyODQ3MTA4.html

3.2.5 近景

近景是具有较强交流性的景别，表现的是成年人胸部以上（图 3-24）或物体局部（图 3-25）的画面景别。与中景相比，近景画面表现的空间范围进一步缩小，画面内容更趋单一，环境和背景的作用进一步降低，吸引观众注意力的是画面中占主导地位的人物形象或被摄主体。近景可以使观众看清楚演员的面部表情与内心活动的细节，拉近观众与演员的距离，就好像与朋友间面对面的交谈，直接调动了观众的参与感和现场感。近景充分利用画面空间近距离和画面范围指向性，表现物体富有意义的局部，在人物表现上则有利于刻画人物性格、展示人物的内心。

拍摄近景时，不要在环境上做文章，把重点放在对面部形象的塑造上，表现人物的喜怒哀乐与情绪特征。为了拍到真实生动的画面，拍摄时尽量减少对被摄对象的人为干扰，可以在较远距离用变焦镜头抓拍人物的表情变化，特别是眼神。此外，还要注意画面要简洁。

图 3-24 微视频《光与音》　　　　　　　　图 3-25 微视频《梦中梦》[1]

3.2.6 特写

特写是具有较强主观性的景别，表现的是成年人肩部以上的头像（图 3-26）或者被摄物体的细部画面（图 3-27）。

特写把人或物从环境中强调出来，突出某一事物的细部，比如一只握成拳头的手以充满画面的形式出现在电视屏幕上时，它已不是一只简单的手，而似乎象征着一种力量，或寓意着某种权力，或代表了某个方面，或反映出某种情绪。特写用在刻画人物时可以刻画人物、表现其情绪，如一个眼睛眼珠转动的特写或一个皱眉的特写都能传达出特殊的信息。正如匈牙利电影理论家贝拉·巴拉兹说的：“特写不仅使人在空间上和我们距离缩短了，而且它可以超越空间，进入另一个领域，精神领域或叫心灵领域。”

特写带有创作者的明显主观意图，是创作者故意让你关注的细节。特写也具有视觉重音的作用，由于特写的“视觉重音”作用，它被称为“万能镜头”。在剪辑中，特写不仅被用于制造戏剧性效果上，也常被用来作为间隔镜头来弱化拍摄上的某些失误如轴线问题、视线不当、画面跳越等。

拍摄特写时要注意构图力求饱满，突出重点和细节，重在质感表现。

① 视频网址 http://v.youku.com/v_show/id_XMzQ1OTQzMDQ4.html

图 3-26 微视频《Yestoday 博物馆》　　　图 3-27 微视频《最后的任务》

3.3 拍摄角度

3.3.1 拍摄角度概述

以被拍摄主体为中心，以合适的距离为半径，在圆周上任选一点作为拍摄点，这就产生了拍摄角度的概念。拍摄角度是指摄像师选择何种方向构成画面形象。拍摄方向不同，被摄主体形象，线条关系、光影结构等都不同。拍摄角度可以从几何角度和心理角度来进行划分。（图 3-28）

几何角度
（物理性角度）
A、垂直：
①平角　②仰角　③俯角　④斜角
B、水平：
①正面　②侧面　③背面　④斜侧面

心理角度
（叙事性角度）
A、客观角度：观众正常视角

B、主观角度：剧中人物视线的拍摄角度

C、主客观角度：一种视觉心理相应的角度

图 3-28

3.3.2 垂直角度拍摄

（1）平拍画面

平拍画面是由摄像机的高度与被摄对象处于同等高度位置，模拟人眼常态下的视物感受时所拍的镜头。（图 3-29、图 3-30），它给人以客观、平稳、冷静的感觉。

图 3-29 微视频《标签》

图 3-30 微视频《武汉东湖学院图书馆微宣传片》

平拍镜头用于拍摄景物时，画面具有平视平稳效果，是一种纪实风格的体现。平拍镜头用于拍摄人物时，多使用中焦镜头拍摄人物近景，这样可以保证人物及其背景的透视关系正常而不变形。需要注意的是，拍摄平拍镜头时，垂直形态的对象能得到正常再现，但水平线上的前后景物容易重叠而看不出前后景及背景的层次关系，故不利于空间层次、空间深度的表现。

（2）俯拍画面

俯拍画面是由摄像机的高度高于被摄对象，模拟人眼向下视物的感受所拍的镜头（图 3-31、图 3-32）。俯拍镜头有利于表现地平面景物的层次、数量、地理位置以及盛大的场面，给人以深远辽阔的感受和开阔的视野；具有如实交代环境位置、数量分布、远近距离的特点。

图 3-31 微视频《标签》

图 3-32 微视频《武汉东湖学院图书馆微宣传片》

另一方面，这种镜头能使人和物的体积压缩以至于形状奇异，造成观众心理上的渺小、可怜、压迫以及宿命的感觉。往往人物显得被动、软弱，造成一种萎缩、矮低的视觉效果，可以用来表达对人物的怀疑、嘲弄或鄙视。

（3）仰拍画面

仰拍画面是由摄像机高度低于被摄对象的位置，模拟人眼向上视物的感受所拍的镜头（图 3-33、图 3-34）。仰拍镜头使被摄主体的高度被夸大，增加了画面的垂直高度感，使建筑有雄伟壮丽的视觉效果，增强了视觉冲击力，背景净化增强了人物与环境的联系，造成强烈的距离感和透视感。

图 3-33 微视频《三国杀之追》

图 3-34 微视频《武汉东湖学院图书馆微宣传片》

另一方面，这种对物象体积夸大的镜头，会造成观众心理上的高大、威严、壮观的感受，往往带有主观的崇敬色彩。当然俯拍、仰拍的贬褒含义不是绝对的，有时也会产生相反的效果。特别是拍摄人物面部造型时，俯拍比仰拍更适合美化人物形象。

（4）倾斜画面

倾斜画面是由摄像机不放在水平面上，而以倾斜角度拍摄的镜头（图 3-35）。这是一种非常规的镜头，它打破了横向和纵向的水平线，以不完整的、歪斜的结构形式完成画面构图。同前面几种镜头形态比较，倾斜镜头的主要功能在于表意，而且这种表意呈现出的是风格化的特征。

倾斜镜头主要作用是表现人物特殊的心态：迷乱、破灭、失衡、畸变等等。还可用于表现人物醉酒或病态下的情况。

图 3-35 微电影《梦中梦》

3.3.3 水平角度拍摄

如前文所讲，当摄像机镜头与被摄对象处在同一水平线上时，所获得的平拍画面接近于人眼常规的视物习惯。在日常生活中，正常人观看景物以平视为多，所以在常规摄影中，大部分镜头都是水平角度拍摄的。平拍又大致包括下面四种情况：平角度正面拍摄、平角度侧面拍摄、平角度斜侧面拍摄、平角度背面拍摄。

（1）正面角度

正面角度（图 3-36）是指摄像机镜头与拍摄体正面方向呈 0 度角，直接表现被摄对象的正面特征。用正面角度拍摄人物，有利于表现人物的面部特征，能形成一种和观众近距离、无障碍沟通的效果，有一种和画中人物面对面交流的感觉。用正面角度拍摄景物，有利于表现景物的横线条，可以营造庄重、稳定、严肃的气氛。当然，正面角度的画面缺点是缺乏立体感和空间透视感，若使用不当容易形成无主次之分、呆板无生气的画面效果。

图 3-36 微视频《梦中梦》

（2）侧面角度

侧面角度（图 3-37）是指摄像机镜头与拍摄体正面方向呈 90 度角，表现被摄对象的侧面特征。多用于对话、交流、会谈、接见场合，有平等的含义。侧面拍摄运动主体，有利于表现运动对象的方向性，线条富于变化。侧面拍摄主体人物，被摄主体轮廓特点十分鲜明，适于表现人物的情感。当然，侧面角度的画面也同样缺乏立体、空间表现。

（3）斜侧角度

斜侧角度是一种最常用的角度。包括前侧（图 3-38）和后侧（图 3-39）。前侧即摄像机镜头与拍摄体正面方向处于 0~90 度之间，后侧即摄像机镜头与拍摄体正面方向处于 90~180 度之间。斜侧面拍摄景物，有利于分清主次，形成透视，使画面生动活泼，能表现被拍摄对象的立体形态和空间深度。斜侧角度拍摄人物时，也可以表现人物的心理活动，亦能刻画人物的轮廓形态以及交流时的手势动作。

图 3-37 微视频《Yestoday 博物馆》

图 3-38 微视频《Yestoday 博物馆》

图 3-39 微视频《Yestoday 博物馆》

（4）背面角度

背面角度（图 3-40）是指摄像机镜头与拍摄体正面方向呈 180 度角，表现被摄对象的背面特征，突出主体后方的陪体和环境。由于无法看到人物的面部表情，姿态动作就显得尤为重要，能充分调动观众的主观感受，体会人物的内心世界。所以这种角度的画面有把观众带到现场的纪实效果，有身临其境的参与感。

图 3-40 微视频《tout le monde》[1]

3.3.4 心理角度

（1）客观角度

客观角度（图 3~41）的画面是摄像机依据生活中观察习惯而进行客观表现的镜头，不代表视频中任何人的主观视线。它始终与被摄对象保持一定的距离，不深入其内部进行情感表现，也不故意拉大距离显出冷漠感，是一种语气平稳、不温不火的描述，又称中立镜头。客观角度是视频作品中最常用的镜头。

（2）主观角度

主观角度（图 3~42）是代表剧中人物视线的拍摄角度，相当于片中某一人物的眼睛，或代表以第一人称进行叙述的作者的眼睛，也可代表动物或其他任何物体的"视线"。和客观角度相比，着重表现主体的

①视频网址 http://v.youku.com/v_show/id_XMzMwOTY3OTA4.html

视觉心理，具有极大的主观色彩，往往出现不寻常的视觉印象。主观角度的运用可以使故事的叙述进入一种别致的形式，还可以在观众与人物之间建立强烈的认同和主观感受，某种程度上掩盖剧情的走向。

图 3-41 微视频《光与音》

图 3-42 微视频《光与音》

（3）主客观角度

主客观角度是指客观角度和主观角度之间的自由变换。它就像无所不知的上帝，既可以远观世界，又可以随时深入每个角色的心灵，例如图 3-41 用客观角度表述主角正在编写短信，然后接一个主观角度（图 3-42）表述主角编写短信的具体内容，这样就完成了从客观角度到主观角度的变换。

3.4 运动画面

运动画面是指通过摄像机的机位移动、摄像机光轴方向的改变和变化光学镜头焦距拍摄而成的画面形式。运动摄像包括推、拉、摇、移、跟、升降等方式，势必造成景别、方向、视角、速度等方面的画面变化，相对于固定画面来说，是一种动态的叙事方法。

3.4.1 推

推镜头所产生的运动画面（图 3-43），是通过摄像机沿光轴方向向前移动或采取变焦镜头由短焦距调至长焦距拍摄得到的。这两种拍摄方法的区别在于：前者更显客观性，而后者更显主观性并带有强调的成分。

推镜头具有明确的主体目标，主要是为了突出主体和细节，通过推镜头将画面从整体过渡到局部，从周围环境过渡到主体，有连续前进式蒙太奇句子的作用。由于推镜头使画面框架处于运动之中，在画面外部形成了运动的节奏，直接影响着运动主体的速度感，同时还影响着整个画面的节奏。

图 3-43 微视频《梦中梦》

3.4.2 拉

拉镜头所产生的运动画面（图 3-44）则与推镜头正好相反，是通过摄像机沿光轴方向向后移动或采取变焦镜头由长焦距调至短焦距拍摄得到的。同样地，前者的主要特征是客观性，后者的主要特征是主观性并带有强调的成分。

拉镜头有利于突出主体和环境之间的关系，其画面的取景范围和表现空间从起幅开始不断拓展，新的视觉元素不断进入画面，由小景别向大景别过渡，有连续后退式蒙太奇句子的作用。它可以通过纵向空间上的变化，使画面产生对比、反衬或比喻等效果。拉镜头所形成的画面节奏感由紧到松，相比推镜头更能够舒缓情绪，发挥感情上的余韵。

图 3-44 微视频《武汉东湖学院图书馆微宣传片》

3.4.3 摇

摇镜头所产生的运动画面（图 3-45）是指在拍摄过程中，摄像机的机位不变，机身作上下、左右的旋转等运动，从而改变光轴而拍摄得到的。摇镜头经常结合主观镜头使用，代表拍摄主体的主观视线、表现剧中人物的内心感受。

摇镜头侧重于介绍环境、故事或事件发生的地形地貌，展示更为开阔的视觉背景，相比于固定画面来说，有着更为开阔的视野和大景别的作用。摇镜头同样能够介绍同一场景中的不同主体之间的联系，如表现三个或三个以上主体时，以摇镜头的方式将几个主体串连起来，镜头摇过时可作减速或停顿，形成一种间歇摇。而对一组外形相同或相似的画面主体用摇镜头的方式让它们逐个出现，可以强化人们对这个事物的印象，形成一种积累摇的效果。

图 3-45 微视频《三国杀之追》

3.4.4 移

移镜头所产生的画面是指由摄像机改变机位在水平方向上进行各个方向的移动而拍摄得到的。移动镜头有两种情况，一种是被摄主体不动，摄像机动（图3-46）；另一种是被摄主体和摄影机都动（图3-47）。

图 3-46 微视频《武汉东湖学院图书馆微宣传片》

图 3-47 微视频《最后的任务》

移动镜头使画面的框架处于运动之中，通过摄像机的移动拓展了画面的造型空间，创造出独特的视觉艺术效果。如果说摇镜头是在原地"左顾右盼"的话，那么移动镜头就是还原人们生活中"边走边看"的视觉感受。

3.4.5 跟

跟镜头所产生的画面是指摄像机始终跟随被摄主体一起运动（图3-48）拍摄得到。跟镜头与移动镜头的区别在于拍摄跟镜头时，摄影机的运动速度与被摄主体的运动速度一致，被摄主体在画面构图中的位置基本不变，画面构图的景别也不变。

跟摄时观众与被摄主体的视点、视距相对稳定。从人物背后跟随拍摄的跟镜头，由于观众与被摄人物的视点同一，可以产生强烈的现场参与感，也表现了拍摄者的客观记录的姿态。

图 3-48 微视频《武汉东湖学院图书馆微宣传片》

3.4.6 升降

升降镜头所产生的画面是由摄像机机位作上下运动（图 3-49）拍摄得到。由于日常生活中很少有与升降画面相对应的视觉感受，所以能给观众新奇、独特的感受，并带来极富视觉冲击力的造型效果。升降包括有垂直升降、斜向升降和不规则升降等多种形式。

图 3-49 微视频《东湖学院图书馆微宣传片》

3.5 画面的取景与构图

3.5.1 认识取景与构图

取景，着眼于取，即通过对生活场景的观察分析和理解确定想让观众看到的画面内容。取景与我们前面所讲的景别、角度和运动方式有着直接的关系。取景正是构图的基础。

构图，就是要把收入取景框内的各种要表现的对象有机地结构成一个艺术整体。构图的目的在于视觉美感，即拍摄的内容美和形式美。我们可以通过后期制作修改光线和色彩，但画面构图却不能更改。

3.5.2 常用的构图方法

摄像和摄影构图方法是相通的，我们借用一些经典照片和微视频截图，介绍几种主要的构图法。

（1）三分式构图法

三分式构图法将画面平分成三等分，背景、中景和前景分别占据画面三分之一。如图 3-50，前景的海洋和船只只占较少部分，中景山丘和背景蓝天白云则占较多构图，有助于营造较广阔空间感。

图 3-50 三分式构图法

当只有前景和背景，中景不明显的场合下，则可以根据想表达的效果，将两者以三分之一和三分之二的比例作安排（图3-51）。如果想强调天空的壮阔感，可将三分之二空间留给天空；如果想强调地面上的景物、地势等，则不妨将前景的空间增加至三分之二。天空的构图比例较多时，感觉会较为宁静；地面比例较多时，感觉则会较有生气。

图3-51 微视频《最后的任务》

（2）平衡式构图法

平衡式构图分为对称式平衡（图3-52）和非对称式平衡（图3-53）。对称式平衡简单来说可以理解为天平那样的平衡法，等量也要等形；非对称式平衡可以理解为秤杆那样的平衡法，等量但并不等形。

平衡式构图能给人一种安稳满足的感觉，画面结构设计巧妙、工整，常用于月夜、水面、夜景等画面拍摄。

图3-52 微视频《武汉东湖学院图书馆微宣传片》　图3-53 非对称式平衡构图法

（3）对角线构图法

对角线构图法把主体安排在画面对角线上（图3-54、图3-55）。这种构图富于动感，显得活泼，容易产生线条的汇聚和透视感，吸引人的视线，达到突出主体的效果。

图3-54 微视频《梦中梦》　图3-55 微视频《武汉东湖学院图书馆微宣传片》

（4）九宫格构图法

九宫格构图法，可说是最深入民心的构图法（图 3-56），但更适用于 16:9 的画幅，而不适用于 4:3 的画幅大小。九宫格实际是三分法的一种延伸，用四条线将画面分割为九份，这四条线会产生四个相交点。拍摄时将要突出表现的主体或人物，放置于这些相交点上，更容易引起观者的感受共鸣。

一般认为，右上方的交叉点最为理想（图 3-57），其次为右下方的交叉点。但也不是一成不变的。这种方法之所以流行，正是因为它符合人们的视觉习惯，并且简单明了。

（5）垂直式构图法

垂直式构图法是指以垂直线为画面构成基本线的构图方式。（图 3-58、图 3-59）

图 3-56 九宫格构图法　　　图 3-57 微视频《tout le monde》[1]

图 3-58 垂直式构图法

图 3-59 微视频《武汉东湖学院图书馆微宣传片》

垂直式构图法能充分显示景物的高大和深度。常用于表现参天大树、崇山峻岭、飞泻的瀑布、高楼大厦，以及其他竖直线形构成的画面。在垂直线构图的画面内容选取上，既可以表现垂直线的力度和形式感，使画面简洁而大气，也可以在画面中融入一些能带来新鲜感的非对称元素，打破画面的规则。

（6）框架式构图法

框架式构图法是指用景物的框架做前景，能增加画面的纵向对比和装饰效果，使画面产生深度感。（图 3-60、图 3-61）。

（7）三角形构图法

三角形构图以三点成一面的几何形式安排景物的位置，形成一个稳定的三角形。三角形构图较为灵活，

①视频网址 http://v.youku.com/v_show/id_XMzMwOTY3OTA4.html

图 3-60 框架式构图法

图 3-61 微视频《武汉东湖学院图书馆微宣传片》

图 3-62 微视频《Yestoday 博物馆》

图 3-63 三角形构图法

可以是正三角，也可以是逆三角。正三角形有安定感（图 3-62），给人一种和谐的感受。逆三角形却具有不安定动感效果（图 3-63），营造出一种紧张、不安的气氛。

3.6 画面光线

3.6.1 光线基础知识

在微视频拍摄中，光源可以为自然光和人工光两种。自然光如阳光、月光、天空光等，人工光则主要是指灯光、手电筒等非自然光线。

光线按性质分，又可分为散射光、直射光和反射、折射光。光线在不均匀介质中是散射传播，如雾天、阴天时光线是散射光，也称为软光。光线在均匀介质中是直线传播，如晴天时的光线是直射光，也称为硬光。光线在均匀介质中，当从一个介质到另一个介质传播时，会形成反射或折射，如我们使用反光板对主体进行补光，就是利用的折射和反射光。

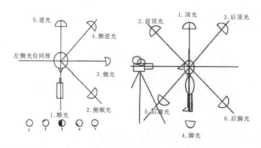

图 3-64 光线照明方向

3.6.2 光线照明分类

我们主要以光线的照明方向来进行分类。所谓光线照明方向是指光源、拍摄对象和拍摄角度三者之间的关系（图 3-64）。照明方向是与拍摄角度相关的概念，不随被摄对象的朝向变化而改变。

（1）顺光照明

顺光照明亦称平光照明，是指光源和摄像机镜头基本在同一高度并和摄像机光轴同向的照明（图 3-65）。其是一种还原景物真实色彩的最好的照明形式，但缺乏层次和光影的变化。图 3-65 中的顺光因为在全黑背景的衬托下，反而显得对比鲜明。

图 3-65　微视频《梦中梦》

（2）顺侧光照明

顺侧光亦称正侧光，是指和摄像机光轴成 45 度左右的光线照明（图 3-66），是摄影、摄像常用的主光形式。这种照明形式能使对象产生明多暗少的明暗变化，故能较好地表现被摄对象的立体感和质感，能较好地表现出画面的层次。

（3）侧光照明

侧光照明是指光源方向和摄像机光轴成 90 度的照明形式（图 3-67）。其特点是使被照明对象产生明暗各半的照明效果。画面层次丰富，立体感强。使用侧光要注意光比，光比不能太大，要控制在摄像允许的范围之内。一般来说，要避免阴阳脸（图 3-67 可适当在画面左边对人脸补光），但表现有个性的人物，

图 3-66　微视频《tout le monde》

图 3-67　微视频《tout le monde》

图 3-68　微视频《梦中梦》

图 3-69　微视频《tout le monde》

或剧情表达需要时则可大胆地运用侧光（图 3-68）。

（4）侧逆光照明

侧逆光又称后侧光、反侧光，是指光源方向和摄像机光轴成 130 度左右的照明形式（图 3-69）。其特点是使被照明对象成明少暗多的照明效果，同样能很好地表现被摄对象的立体层次感。

图 3-70 微视频 《tout le monde》

（5）逆光照明

光源方向基本上对着摄像机的照明称逆光照明（图 3-70）。在摄像造型中，逆光能使主体和背景分离，从而凸显主体。在环境造型中可以加大空气透视效果，使空间感加强。

逆光照明由于看不到对象的受光面，只能看到对像的亮轮廓，所以能产生一种剪影的效果。当背景很亮，而拍摄对象很少有光线照明，如以明亮的天空及室内窗户为背景进行拍摄，便会形成剪影形态（图 3-71）；或者被摄对象为极强的逆光照明，被摄面的照亮远远弱于逆光，拍摄对象也会形成剪影的效果（图 3-72）。

（6）顶光照明

来自被摄对象顶部的照明，称顶光照明（图 3-73）。顶光下拍摄人物近景特写会显得人物前额亮、眼窝黑、鼻梁亮、颧骨突出、两腮有阴影，呈骷髅状。所以传统用光一般会运用辅助光提高阴影亮度，缩小光比，冲淡这种骷髅效果。

图 3-71 微视频《最后的任务》　　　图 3-72 微视频《Yestoday 博物馆》

图 3-73 微视频《梦中梦》　　　图 3-74 微视频《移魂都市》

（7）脚光照明

脚光照明是指光源低于人的头部，由下往上的照明。脚光和顶光一样会产生不正常的造型效果（图3-74）。在神鬼、魔幻等题材中可运用这样的照明形式表达特殊的效果。在好莱坞黑色影片《移魂都市》中，我们可以看到这种照明方式的大量运用。

3.7 画面色彩

3.7.1 画面的影调和色调

图 3-75 微视频《最后的任务》

影调和色调构成画面的调子。从技术上讲，视频图像是黑白影像加上各种色彩，实际上是由红绿蓝三基色变化组合而成。从造型角度讲，影调是指画面明暗、高低的总体倾向，与前文所讲的光影效果有直接的联系；色调则是指以一种色彩为主导形成的色彩倾向。一幅画面红色占优势即是红调或叫暖调。微视频色彩处理要有一个整体的调子，应以场景、段落或整个作品为单位进行，不能一个画面一个调子。这是由视频画面的特点所决定的。

（1）高调与低调

以浅灰、白色以及亮度等级较高的色彩为主构成的画面，称为高调画面（图3-75）。高调画面要有层次，既要有少量的暗色或亮度等级低的色彩衬托高调，又要防止高调部分出现曝光过度的效果。亮背景、亮主体、散射光或顺光照明是获得高调画面的必要条件。高调画面显得明亮、透明，多用于梦境、幻想或抒情场面，也可表现欢乐、幸福、喜悦的情绪或明确的内心体验。

以黑、深灰及亮度等级较低的色彩为主构成的画面称为低调画面（图3-76）。深色背景、深色景物、侧逆光、逆光、顶光照明是获得低调画面的必要条件。有时可以利用曝光不足的方法取得低调画面效果。低调画面同样要富有层次，不能漆黑一团，也不可缺少少量的白色或亮度等级偏高的亮色。低调画面经常用于表现深沉、压抑、悲伤、凄凉、苦闷、紧张、恐怖等心理情绪。

（2）暖调与冷调

暖调是指被摄对象本身以暖色为主，在正确的白平衡、曝光设置下准确还原色彩即可形成暖调（图

图 3-76 微视频《梦中梦》

图 3-77 微视频《tout le monde》

图 3-78 微视频《梦中梦》

3-77）。暖调给人以温暖、热情、光辉、欢乐和喜庆的感受。

冷调是指被摄对象本身以冷色为主，在正确的白平衡、曝光设置下准确还原色彩即可形成冷调（图3-78）。冷调给人以冷清、压抑、忧伤等感受。

3.7.2 色彩处理的总体构思

在微视频创作中，尤其是微电影的创作中，一个情节段落、一个场景、一个画面色彩的处理，都要有一个明确的目的性，不应该只是停留在正确曝光和准确还原色彩的水平上。对色彩的总体构思是视频总体创作意图的重要组成部分，它包括一部作品色彩处理的方方面面，如摄影基调、重点场景和段落的色调影调处理、人物服装色彩、色彩细节的运用等方面。

在投入拍摄之前，摄像师要根据对剧本的理解和导演意图，提出自己对整个作品色彩、色调及影调的构成方案，然后在其他造型部门的协同下，共同完成这个方案。

在后期制作中，剪辑师也会对前期拍摄不满意的色彩效果进行调节，或者设计出更能表达创意的总体画面调子。这一内容将在第6章的"视频调色"一节中专门呈现。

第4章　微视频设计的艺术呈现

画面是构成微视频最基本的语言形式，但却具有一定的分散性和独立性。如果画面只是随意地组织在一起，可能无法表达出真正的意义，因而必须按照一定规律有机地组合起来，才能呈现出创作者的表达意图。本章将从场面调度、镜头组接两个方面入手分析微视频如何通过画面组接呈现其艺术价值。

4.1 场面调度

4.1.1 什么是"场面调度"

"场面调度出自法文，意为'摆在适当的位置'或'放在场景中'。最初是用于舞台剧中，指导演对一个场景内演员的行动路线、位置和演员之间的交流等表演活动所进行的艺术处理。[1]" 微视频场面调度是指导演根据剧本对演员的位置、动作、行动路线以及摄影机的机位、拍摄角度、拍摄距离和运动方式的安排。微视频场面调度的核心是人物调度，但是人物调度却是通过镜头调度体现出来的，通过镜头的变化突出画面中的人物表演，表现一场戏的内容和主题。本节将介绍镜头调度中经常涉及的轴线、机位、单镜头调度和多镜头场面调度知识。

4.1.2 轴线和机位

（1）轴线

在运动的物体或对话的人物中间可假想一条看不见的直线，这条直线影响着屏幕上物体的运动方向和人物的相互位置关系，这条无形的线，叫做"轴线"。具体来说可分为运动轴线和方位轴线。

运动轴线是与被摄主体运动轨迹相对应的那条无形的线（如图 4-1 所示）。

对于一个不动的人来说，他目光直视的视线称为方位轴线；对于对话中的两人来说，方位轴线是两人头部的连线，也称对话轴线（图 4-2）。

（2）机位

"机位"是电影的创作者对摄影机拍摄位置的称呼，也是影片分析中对摄影机拍摄点的表述。机位通常可分为顶角机位、平行机位、内反拍机位、外反拍机位、内侧骑轴机位、外侧骑轴机位这六种。

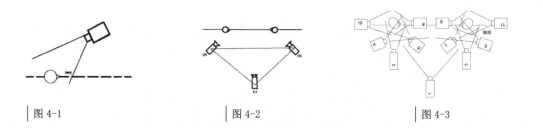

图 4-1　　　　　图 4-2　　　　　图 4-3

①许南明，富澜，崔君衍.电影艺术词典[M].北京：中国电影出版社，1986：207.

顶角机位（如图4-3所示的1号机位），又称主机位。它处于顶角位置，与被摄物构成等腰三角形的关系。这一机位通常呈现出全景镜头，用于交代环境和被摄物之间的关系，常用于一场戏的开始和结束（图4-4）。

平行机位（如图4-3所示的2号、3号机位），与轴线垂直，彼此相互平行。在镜头形式上，大多呈现为中景、近景或特写镜头（图4-5）。

图 4-4 微视频《梦中梦》　　图 4-5 微视频《梦中梦》

外反拍机位（如图4-3所示的4号、5号机位），又称过肩镜头。它们以中近景系列镜头为主。在镜头的外在形式上，它们呈斜后侧构图形态，画面比较灵动、活泼。因为机位与轴线存在小于90°角的活动幅度，所以镜头中的影像具有层次感，或者一前一后，或者一左一右，或者一虚一实，或者一封闭一开放，彼此对应（图4-6）。

内反拍机位（如图4-3所示的6号、7号机位），与外反拍机位性质相似，同样以中景、近景、特写镜头为主体，只不过它们的机位角度发生了变化，由外反拍变成了内反拍，而且呈现为单人镜头，人物视线一概向外（图4-7）。

图 4-6 微视频《Yestodya 博物馆》

图 4-7 微视频《梦中梦》

内侧骑轴机位（如图4-3所示的8号、9号机位），这种机位比较特殊，它们位于轴线上，模拟的是另一个人的主观视点，让人物居中，且视线直接与观众接触交流（图4-8）。

外侧骑轴机位（如图所示的10号、11号机位），该机位也位于轴线上，但都向内，画面上只出现离摄影机近端的人物，另一个人物则被完全遮挡，所以在实际拍摄中使用较少（图4-9）。

（3）轴线规律及越轴

在拍摄一组互相衔接的镜头时，摄像机的拍摄方向应限制在轴线的同一侧，拍摄角度在水平方向上无论怎样变化（竖直方向的角度变化不在此例），都不允许超越到轴线的另一侧去（图4-2）；如果跳到另一侧去拍摄，就会产生方向性的混乱，叫做"跳轴"或"越轴"（图4-10），这就是拍摄中应遵循的"轴线规律"。当然，在某些风格化的影片叙述中，导演故意运用越轴等反常规的技巧去表意，王家卫就是这样一个典型的代表。

图4-8 微视频《梦中梦》

图4-9 微视频《梦中梦》

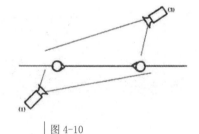

图4-10

4.1.3 实例讲解

在电影《蝙蝠侠：黑暗骑士》中，导演通过镜头调度完美地处理了多次越轴拍摄，这一手法值得我们在微视频拍摄中借鉴[1]。

首先是介绍四人位置关系的中景，左下为哈维，右边为布鲁斯，该段落的越轴主要是针对两人之间现成的轴线的（图4-11）。此图也可以当做轴线一侧的外反拍。

这张图则是两人轴线一侧的另一个外反拍，机位并没有越过哈维与布鲁斯之间形成的轴线（图4-12）。

之后接一个外反拍，摄影机慢慢向画面的左边运动，机位渐渐靠近轴线，直到在哈维的脑后停住，处在哈维与布鲁斯形成的轴线上，形成一个骑轴镜头（图4-13、图4-14、图4-15）。

紧接上一个骑轴镜头，下一个镜头马上便切到了轴线另一侧的一个外反拍，从而实现了越轴（图4-16），这里的越轴的流畅及合理性主要依靠摄影机运动及其形成的骑轴镜头。

①费尔木与赛泥马.四人场景中的越轴［DB/OL］.http://i.mtime.com/happness/blog/6704410/，2011-10-11.

之后便是在新的轴线一侧的正反拍。这两张是外反拍（图4–17、图4–18）。

一组内反拍与外反拍的组合，内反拍承担起作为人物主观镜头的任务，体现布鲁斯正在观察哈维，这可能就是这场戏的结尾布鲁斯决定拨款给哈维参选的重要的必不可少的镜头上的形式上的暗示（图4–19、图4–20、图4–21）。

三个戏剧性的近景，这里的视线是剪辑的逻辑依据，也可能是为了缓解两个男主角之间不断内反拍所造成的视觉疲劳（图4–22、图4–23、图4–24、图4–25）。

利用哈维与女主角握手的特写，再次实现越轴，一轮正反打之后结束（图4–26、图4–27、图4–28）。

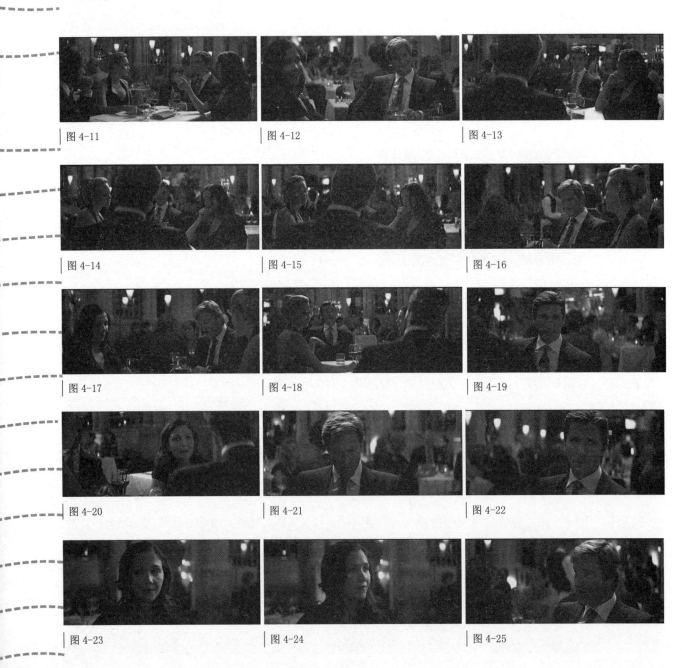

图 4-11　　　　　　图 4-12　　　　　　图 4-13

图 4-14　　　　　　图 4-15　　　　　　图 4-16

图 4-17　　　　　　图 4-18　　　　　　图 4-19

图 4-20　　　　　　图 4-21　　　　　　图 4-22

图 4-23　　　　　　图 4-24　　　　　　图 4-25

图 4-26　　　　　　　　　　　图 4-27　　　　　　　　　　　图 4-28

4.2 镜头组接原理

4.2.1 蒙太奇

蒙太奇一词源于法语"montage"，原为建筑学上的术语，有"装配"、"构成"的意思。我国电影界泰斗夏衍说过蒙太奇就是"依着情节的发展与观众的注意力和关心的程序，把一个个镜头合乎逻辑地、有节奏地连接起来，使观众得到一个明确生动的印象或感觉，从而使他们正确地了解一件事情的发展"[①]的一种技术方法。

画面蒙太奇可分为叙事蒙太奇和表现蒙太奇两种。叙事蒙太奇是将镜头按照事件发生、发展的时间顺序、逻辑顺序或因果关系组接在一起，它能连续地叙述事件的发生、发展、过程和结果。表现蒙太奇着重于画面与画面之间或段落与段落之间，不同形象画面的内在联系，通过画面的组合效应，形成一种概念或某种寓意，激发观众的联想，启迪观众的思考。

常用的蒙太奇表现手法有：积累式蒙太奇、对比式蒙太奇、比喻式蒙太奇、连续蒙太奇、平行蒙太奇、平行对立蒙太奇。

积累式蒙太奇是将几个画面内容相似或内涵一致的镜头组接在一起，创造出一种积累效果。通过画面内容、景别、运动方式大致相同的一些镜头积累渲染气氛，起到强调、突出的作用，引起观众思考，激起观众联想，深化主题表现。

对比式蒙太奇是将两个画面主体内容相反的镜头组接在一起，以产生强烈的对比。通过镜头之间，或段落之间，在内容、形式上的反差，形成对比。或者是通过两者的比较，来产生相互映衬的效果。通过观众的联想，表达某种寓意，说明一个问题。

比喻式蒙太奇是将前后不同内容的画面组接，引起观众联想，做出比喻，如同文学修饰手法上的比喻手法一样。画面的比喻式通过观众对上下两个镜头的联想产生的，一个是比喻的对象，一个是比喻的内容。比喻蒙太奇可以含蓄而形象地表达创作者的某种寓意。

连续蒙太奇是采用单一叙事线索的结构形式，也就是在一个段落里，以单一线索为依据，按照事件的时间顺序、逻辑顺序进行镜头组接的方法。这种方法叙事自然流畅，但容易给人以拖沓冗长之感。

平行蒙太奇是将发生在同一时间的，不同地点的，内容相互关联的多组镜头交替组接在一起的剪辑方法。

①夏衍.写电影剧本的几个问题[M].北京：中国电影出版社，1980：63.

平行蒙太奇加强了叙事性，加快了叙事节奏，扩大了信息量。

平行对立蒙太奇是将在同一时间、同一空间或不同空间，所发生的互有因果、相互呼应、有矛盾冲突的镜头频繁交叉组接在一起，以形成强烈的冲突关系的剪辑手法，常用于制造悬念和紧张气氛。

4.2.2 画面的匹配

画面组接的前后镜头应当保持一种和谐的关系，这就是画面的匹配。它包括位置的匹配、方向的匹配、运动的匹配三部分。

位置的匹配是指同一主体、不同景别的前后两个镜头组接，主体应在画面的相同位置。当两个画面有对立或冲突关系时，两者应在画面的相反位置。

方向的匹配就是要保持人物视线方向的一致和运动方向的一致。

运动的匹配是指画面内运动的主体在前后两个镜头组接时，要保持动作的连贯、运动速度的相同或相近、摄像机运动速度的相同或相近以及运动方向的一致。

4.2.3 镜头组接的基本规律——"静接静、动接动"

（1）固定镜头接固定镜头

固定镜头接固定镜头，也称"静接静"，是指固定镜头内静止主体之间的组接以及固定镜头内主体动作之间的组接。"静接静"要注意同一主体不同景别的固定画面相接，主体应在画面相同的位置，如果主体不同就应在画面相反的位置。组接固定镜头内主体之间的动作时要注意前后镜头中动作的流畅性，其中前一个镜头内主体是运动的，下一个镜头中主体是静止的，组接时要寻找前一个镜头动作停顿的瞬间切换到后一个镜头。如果两个固定镜头内主体都是运动的，那么就要用动接动的组接方法。

（2）运动镜头接运动镜头

运动镜头接运动镜头，也称"动接动"，是指在运动中剪，在运动中接。即去掉第一个运动镜头的落幅和最后一个镜头的起幅。可以表现连续流畅的视觉效果，它尤其适合一组连续的运动镜头组接。需要注意的是，镜头的运动方向和速度应保持一致，景别要相同；摇镜头或移镜头组接时，前后镜头中的接点在画面位置要相同，这样观众才不会感到视觉跳跃。

（3）固定镜头接运动镜头或运动镜头接固定镜头

固定镜头接运动镜头，即"静接动"，实质上是动感不明显的镜头与动感十分明显的镜头之间的连接方式。上一个镜头的静止画面突然转换成下一镜头运动强烈的画面，其间蕴含着节奏上的突变，这种突变有时是对情节或情绪的有力推动，有时则表现为视觉的强刺激，常用于段落转换。

运动镜头接固定镜头，即"动接静"，实质上是镜头连接由明显的动感状态转为明显的静态镜头。这种连接会在视觉和节奏上造成突兀停顿的效果，在某些段落处理中，戛然而止的动静对比加强了情绪转换的力度。

在连接固定镜头和运动镜头时，要处理好"动接静"或"静接动"的关系，还应注意以下几点：

①利用主体运动动势。把镜头运动与固定镜头内主体运动协调在一起。比如，汽车行驶的跟拍镜头，可以直接切换到一个汽车驶向画面深处的固定镜头，这里，跟拍的动势与汽车行驶的动势及方向是一致的，后一镜头虽然是固定的，但具有内在的运动性和动势的承接性，因而这两个镜头能够被自然连接在一个运

动流程中。

②利用因果关系。比如，跟拍足球比赛进球的镜头，接一个观众欢呼的固定镜头，这就是利用了顺应观众心理的呼应关系，实现由"动""到""静"的连接。

③利用相对运动因素。诸如前景的遮挡运动等。比如，前一镜头是从行进的车内向外拍摄景物从镜头前划过，跳接一个固定镜头，站台上一群人出站。这里利用画面内物体遮挡所带来的瞬间停滞效果及注意力的暂时分散，来转换动静关系。

总之，在连接镜头时，"动接动"、"静接静"只是基础原理，还应该根据上下镜头的主体动作、镜头运动及情绪节奏发展的具体要求，结合画面的造型因素，才能寻找到最适宜的镜头连接方式和剪接点位置。

4.3 案例分析

下文将以著名的摄像教程——好莱坞大师级镜头教程（*Hollywood camera work the master course*）中的《毋庸置疑（Not a suspect）》片段①为例详细讲述拍摄微视频某个片段时的场景调度和镜头组接技巧。

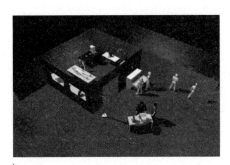
图 4-29

图 4-30

4.3.1 故事简介及剧本

故事背景是医院接收了 15 个受感染的病人，接触了病人的医生要做隔离检查，这一幕发生在一家医院重症监护室内，站着的人们正在寻找解决处理办法（图 4-29）。图 4-30 中身穿蓝色上衣的男士名叫 Henry，他是一名医生，他有些生气，因为他被怀疑导致了一起死亡事件，但根据目前情况来看他不会再引起类似事件。Henry 渐渐感觉到有人在陷害他，特别是当他被证明不是嫌疑人后，更觉得这里面有问题。于是在这幕场景中，他和医生 Solomon、护士间发生了一些冲突和误会。

以下是这一幕的文字剧本：

① Hollywood camera work the master course[DB/OL]. http://www.hollywoodcamerawork.us/

室内——外科病房（2 号重症监护室）——下午

穿着净化服的 Henry 经过门口的警卫进入了重症监护室，走向了正在操作设备的医生 Solomon。

Henry 生气地说：Solomon，他们拒绝我进入。但是你知道的，我早上被通知到这里来并且……

Solomon 说：谁拒绝你的？

Henry 说：Hoskin 和 Slater。

Solomon 说：对不起 Henry，你知道的，Slater 有最终决定权。

Henry 说：但是为什么？我通过了所有的检查，这样做很荒谬，就好像我会引起危险一样。

Solomon 说：Henry，我们不能冒任何风险。

Henry 说：Solomon，那起死亡事件不是我引起的。

Solomon 说：但是你要明白这是常规检查，而不是对你品质的怀疑。

Henry 说：那我为什么现在不能做手术？

Solomon 说：Henry，没有人怀疑你。

Henry 发现护士 Taylor 给了病人用了一些药，他走过去大声吼道。

Henry 生气地吼道：你刚才做了什么？

Taylor 说：什么？

Henry 说：护士，那是我的病人。你最好能够对刚才的行为有一个合理的解释！

Taylor 说：我只是看看病人的脉搏。

Henry 说：不，你给他用了某种药。

Taylor 说：只是维他命。

Henry 说：告诉我到底是什么？

Taylor 说：没什么，就是维他命。

Henry 说：你敢骗我！我什么都看到了！

Solomon 进入了病房。

Solomon 说：发生了什么事情？

Taylor 说：Solomon 医生，没什么。

Henry 说：我发现她给我的病人用了一些药物。

Taylor 说：Solomon 医生，只是维他命，这是日常用药。

Henry 说：把药瓶给我。

Taylor 将瓶子递给 Henry。

Henry 说：啊，没有标签！

Henry 快步走到放有一堆医疗文件的桌子前，找起药瓶的标签。

Solomon 警告了 Henry。

Henry 找到了维他命的标签，他站起来慢慢向后退了几步。

Henry 说：对不起，我以为……对不起护士，你能原谅我么？

Henry 尴尬地转身过去并离开。

4.3.2 场景调度

图 4-31 是这一场景的调度图，这一场景主要的拍摄区域为右边圆圈部分（Henry 与 Solomon 的对话，此为第一部分）和左边圆圈部分（Henry 冲进来指责护士，此为第二部分）。因为这一幕所在场地很小，所以最好充分利用景深。多拍如图 4-32 的浅景深镜头[1]，方法就是尽可能穿过多个空间层去拍摄。例如从病房外拍摄病房内的区域（图 4-33）或是如图 4-34、图 4-35 拍摄以门口的人物为背景的人物。在这一幕的第一部分中，拍摄护士 Taylor 在病人身边时，Henry 的突然反应这一镜头就是充分地利用了景深，如图 4-36 设置 Solomon 和 Henry 以及摄像机的位置，那么在护士离开前，右上方的摄像机都以护士为背景拍摄过肩浅景深镜头。

现在就以这样的安排（图 4-36）开始设置第一部分场景，从图中左下方的主机位摄像机开始，首先，Henry 经过门卫从外面冲进来走到 Solomon 旁边，然后 Solomon 转身面对 Henry（图 4-37）。此时 Henry 会继续移动，摄像机需要保持构图不变，向 Henry 移动的方向平移摇摄，并在主机位相对的方向添加一个机位（图 4-38）。在 Henry 如图 4-39 两条轴线间移动的对话都可以用这两台摄像机拍摄。另外，在主机位移动到如图 4-40 所示位置时，会得到以门外警卫为背景的浅景深镜头，这与之前拍摄以护士 Taylor。为背景的镜头类似，是充分发挥景深效果的手法。当然也可以在图 4-41 所示主机位置拍摄同样的镜头，只需在门口加一个警卫即可。

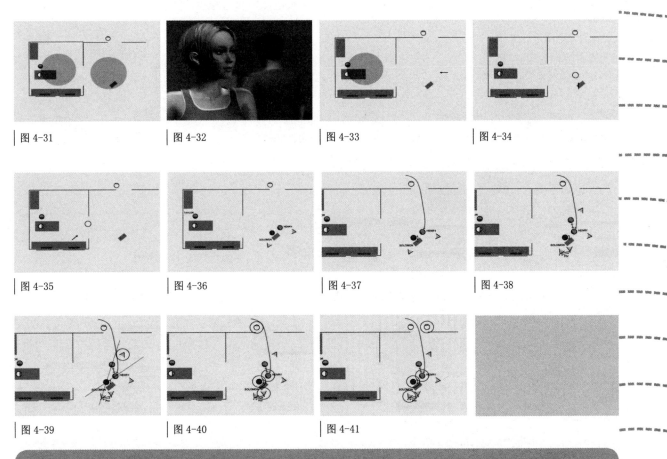

图 4-31　　　　图 4-32　　　　图 4-33　　　　图 4-34

图 4-35　　　　图 4-36　　　　图 4-37　　　　图 4-38

图 4-39　　　　图 4-40　　　　图 4-41

[1]浅景深镜头指的是被摄主体清晰、背景模糊、景深较浅的镜头。

用主机位摄像机拍摄 Henry 的进入，并向左后方移动拍摄 Henry（图 4-42）。不过在 Henry 进来前，要将主机位摄像机的焦点对准 Solomon。假如 Solomon 从如图 4-43 所示开始移动，那么主机位摄像机也从这个角度开始摇摄 Solomon 的移动，这样就能像剧本所描述的那样拍摄他对设备的操作。然后 Solomon 走到他的位置开始操作设备，摄像机摇至设备那里（图 4-44）。与此同时，Henry 恰巧从门外进来，在这里就需要添加一个过渡镜头使画面流畅。在 Solomon 的后面添加两个站在控制台前的护士，在 Solomon 走到新位置前主机位摄像机会拍摄周围的环境（图 4-45），当他走近时在将焦点对在其身上（图 4-46），Henry 进来后会向右转身（图 4-47），主机位摄像机随之移动摇摄（图 4-48）。然后，Henry 会再次移动时，主机位摄像机随之继续移动摇摄（图 4-49）。最后，Henry 会回初始位置，主机位也移动摇摄至初始位置（图 4-50）。

按照剧本，这时 Henry 看到护士 Taylor 给病人服用了药物，此时用摄像机（图 4-51）拍摄护士 Taylor。然后 Henry 走进房间，通过延长拍摄轨道，保持之前的拍摄角度平移摄像机拍摄（图 4-52）。然后 Henry 很激动地走到桌前寻找东西，接着走到 Taylor 旁想查看瓶子（图 4-53），在这期间 Solomon 走进来询问发生了什么事情。现在我们来安排机位，在病房内和窗户外设置如图 4-54 所示的机位，这样设置可以完整地拍摄 Henry 和 Taylor 的对话。当 Henry 走到桌前时，如图 4-55 所示增加一个位于 Taylor 身前的机位，拍摄以 Taylor 为前景，主体为 Henry 的镜头。随后 Henry 接着走到 Taylor 旁，Taylor 身前的机位向后移动拍摄（图 4-56），与此同时位于 Henry 身后的机位向前移动拍摄（图 4-57）。

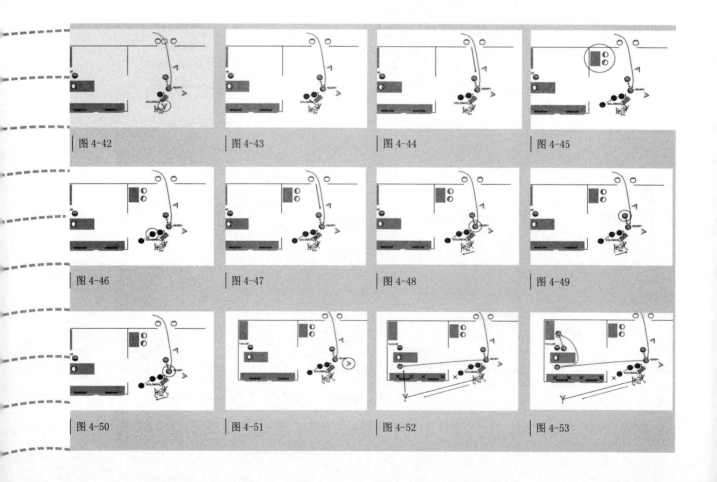

图 4-42　　　　图 4-43　　　　图 4-44　　　　图 4-45

图 4-46　　　　图 4-47　　　　图 4-48　　　　图 4-49

图 4-50　　　　图 4-51　　　　图 4-52　　　　图 4-53

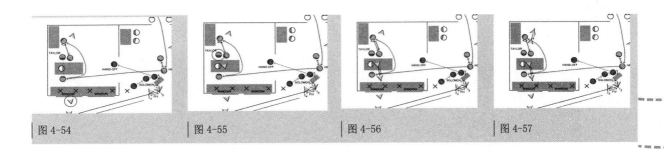

图 4-54　　　　　图 4-55　　　　　图 4-56　　　　　图 4-57

　　下面来决定用哪一个机位拍摄 Solomon。因为 Henry 走到桌子旁后，他与 Taylor 和 Solomon 都有对话，若用 Henry 身后的机位拍摄 Solomon，不仅存在轴线问题（图 4-58），而且 Henry 移动时还会挡住摄像机拍摄 Solomon。所以我们就用与之相向的窗户边的机位拍摄 Solomon，这个机位在拍摄 Henry 和 Taylor 对话时用固定画面构图，当 Henry 移动时，摇摄拍摄他（图 4-59），并继续摇摄至 Solomon 走进来（图 4-60）。Solomon 的对白很短，下一镜头就是这图 4-61 所示机位拍摄的内容，这个机位要拍摄 Henry 经过病床并走向 Taylor 身后的桌子这个过程（图 4-62）。所以该机位需要摇摄 Henry 移动，并最终停在以 Taylor 为前景，Henry 为主体的画面上，为接后面 Taylor 的对白做准备（图 4-63）。

　　Henry 走到床前并拿起药瓶，Taylor 身前的机位后移并下摇给瓶子特写（图 4-64）。接下来发生的事情是 Henry 四处寻找相关的标签，用最下面那个主机位平移拍摄 Henry 走到放有文件的桌子处（图 4-65）。此时 Solomon 走到 Henry 后面警告他，主机位此时就记录下了 Solomon 的移动过程（图 4-66）。当 Henry 寻找文件时，主机位向下摇摄桌面。然后 Henry 发现 Taylor 说的都是实话，此时主机位向上摇摄 Henry 的面部表情（图 4-67）。

　　最后一部分是 Henry 站了一会儿并向 Taylor 道歉，然后尴尬地离开，留下了充满疑惑的 Solomon 和 Taylor（图 4-68）。主机位保持画面构图不变，Henry 走出画面，然后慢推摇摄充满疑惑的 Taylor 和 Solomo 向 Henry 离开方向移动的过程（图 4-69）。

　　至此《毋庸置疑》的场景调度设计完成。

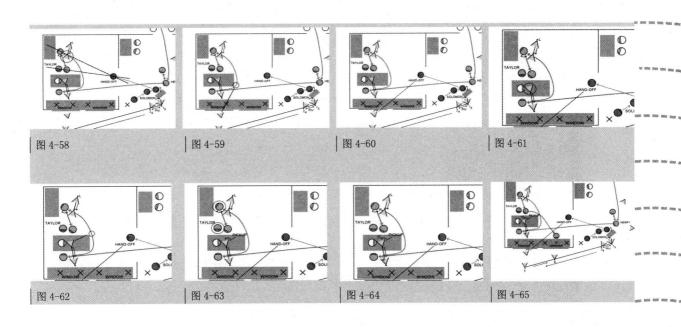

图 4-58　　　　　图 4-59　　　　　图 4-60　　　　　图 4-61

图 4-62　　　　　图 4-63　　　　　图 4-64　　　　　图 4-65

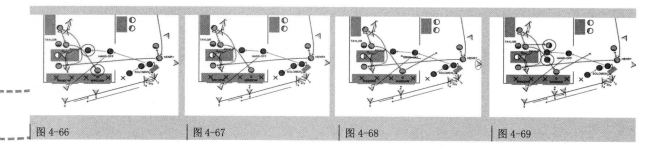

图 4-66　　　　　　　　图 4-67　　　　　　　　图 4-68　　　　　　　　图 4-69

4.3.3 实际拍摄

整个机位布局如图 4-70 所示。

首先我们从主机位讲起，主机位主要以 Henry 为拍摄对象，整个拍摄从重症监护室内景空镜头开始到剧情结束。主机位先以中景拍摄以护士为背景的空镜头画面（图 4-71）

然后 Solomon 走入画面内成为前景，此时摄像机焦点对准 Solomon（图 4-72）。

摄像机摇摄至 Solomon 走到电脑前，并且画面背景可以看到 Henry 即将进入病房（图 4-73）。

摄像机向左前缓慢移动摇摄直到 Henry 站在 Solomon 面前（图 4-74）。

摄像机向右后摇摄 Henry 转身走了几步停下来面对 Solomon（图 4-75）。

摄像机向左前摇摄 Henry 再次向前几步走到 Solomon 面前（图 4-76）。

摄像机向左前摇摄 Henry 进入病房的过程（图 4-77）。

摄像机固定拍摄 Henry 走到护士 Taylor 身后（图 4-78）。

摄像机向左前移动摇摄 Henry 转身走到护士 Taylor 身边（图 4-79）。

摄像机向右后平移拍摄 Henry 走到文件桌前，此时 Solomon 也进入画面中（图 4-80）。

摄像机下摇拍摄 Henry 找药瓶标签的画面，然后再上摇至初始位置（图 4-81）。

Henry 走出画面，摄像机向右后方平移摇摄 Taylor 走进画面（图 4-82）。至此主机位画面拍摄完成。

再来看一下这个机位的拍摄（图 4-83）。这是一个固定机位，全程用中景构图，和主机同时开机到 Henry 进入病房内说完第一句台词即可停机。将焦点保持在 Solomon 身上。当 Solomon 的台词说完后，将焦点固定在护士 Taylor 身上。

这是 Henry 身后拍摄过肩镜头的机位。也是一个固定机位，全程用中景构图，和主机位同时开机，拍摄完 Solomon 和 Henry 的对话即可停机（图 4-84）。

为了充分利用浅景深效果，在 Solomon 身后设置两台医疗设备（如图 4-85）。

再来看一下负责拍摄病房内的机位（图 4-86）。全程用近景拍摄，从 Henry 进入病房后开始一直到剧情结束为止。首先用固定镜头拍摄 Henry 和 Taylor 的对话。

Henry 和 Taylor 对话结束后，Henry 开始向 Taylor 身后的桌子移动，摄像机摇摄 Henry 移动并停在 Solomon 进入的方向（图 4-87）。

这是 Taylor 身后拍摄过肩镜头的机位（图 4-88），这个机位从 Henry 进入病房时开机到 Henry 与 Taylor 的第一段对话结束为止。全程用中景向前缓慢移动拍摄。

图 4-70

图 4-71

图 4-72

图 4-73

图 4-74

图 4-75

图 4-76

图 4-77

图 4-78

图 4-79

图 4-80

图 4-81

图 4-82

图 4-83　　　　　图 4-84　　　　　图 4-85　　　　　图 4-86

图 4-87　　　　　　　　　　　图 4-88　　　　　图 4-89

　　这是最后一个机位。这个机位从上面那个机位结束开始到 Henry 查看药瓶后离开为止。全程用近景镜头（图 4-89）。

　　摇摄 Henry 移动至 Taylor 身后的桌子处（图 4-90）。

　　摄像机向后移动拍摄 Henry 转身走向 Taylor 身边（图 4-91）。

　　摄像机下摇拍摄药瓶（图 4-92）。

　　至此《毋庸置疑》拍摄完成。

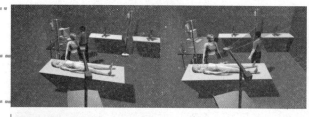

图 4-90　　　　　　　　　　　图 4-91

图 4-92

4.3.4 镜头组接

Henry 生气地说：Solomon，他们拒绝我进入。但是你知道的，我早上被通知到这里来并且……（图 4-97）

Solomon 说：谁拒绝你的？（图 4-98）

Henry 说：Hoskin 和 Slater。（图 4-99）

Solomon 说：对不起 Henry，你知道的，Slater 有最终决定权。（图 4-100）

Henry 说：但是为什么？我通过了所有的检查，这样做很荒谬，就好像我会引起危险一样。（图 4-101）

Solomon 说：Henry，我们不能冒任何风险。（图 4-102）

Henry 说：Solomon，那起死亡事件不是我引起的。（图 4-103）

Solomon 说：但是你要明白这是常规检查，而不是对你品质的怀疑。（图 4-104）

Henry 说：那我为什么现在不能做手术？（图 4-105）

Solomon 说：Henry，没有人怀疑你。（图 4-106）

Henry 生气地吼道：你刚才做了什么？（图 4-110、图 4-111）

Taylor 说：什么？（图 4-112）

Henry 说：护士，那是我的病人。你最好能够对刚才的行为有一个合理的解释。（图 4-113）

Taylor 说：我只是看看病人的脉搏。（图 4-114)

Henry 说：不，你给他用了某种药。(图 4-115)

Taylor 说：只是维他命。(图 4-116)

Henry 说：告诉我到底是什么？（图 4-117）

Taylor 说：没什么，就是维他命。（图 4-118）

Henry 说：你敢骗我！我什么都看到了！（图 4-119）

Solomon 说：发生了什么事情？（图 4-120）

Taylor 说：Solomon 医生，没什么。(图 4-121)

Henry 说：我发现她给我的病人用了一些药物。（图 4-122）

Taylor 说：Solomon 医生，只是维他命，这是日常用药。（图 4-123）

Henry 说：把药瓶给我。（图 4-124）

Henry 说：啊哈，没有标签！（图 4-126、图 4-127）

Henry 说：对不起，我以为……对不起护士，你能原谅我么？（图 4-133、图 4-134）

至此，《毋庸置疑》镜头组接完成。

图 4-93　　　　　　图 4-94　　　　　　图 4-95　　　　　　图 4-96

图 4-97　　　　　　图 4-98　　　　　　图 4-99　　　　　　图 4-100

图 4-101　　　　　　　　　　　　　图 4-102　　　　　　图 4-103

图 4-104　　　　　　图 4-105　　　　　　图 4-106　　　　　　图 4-107

图 4-108　　　　　　图 4-109　　　　　　图 4-110　　　　　　图 4-111

图 4-112

图 4-113

图 4-114

图 4-115

图 4-116

图 4-117

图 4-118

图 4-119

图 4-120

图 4-121

图 4-122

图 4-123

图 4-124

图 4-125

图 4-126

图 4-127

图 4-128

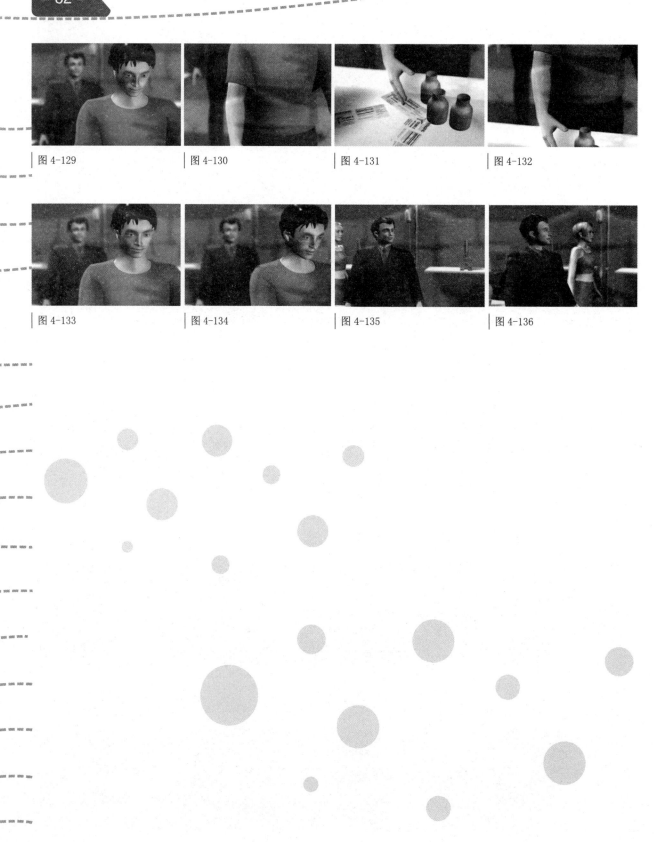

图 4-129　　　　　图 4-130　　　　　图 4-131　　　　　图 4-132

图 4-133　　　　　图 4-134　　　　　图 4-135　　　　　图 4-136

第5章 基本的数字编辑技术——Premiere

Premiere 是由 Adobe 公司推出的一款专业的非线性编辑软件，它提供了采集、剪辑、调色、音频调整、字幕添加、输出等视频制作的一整套流程，是微视频创作必不可少的一款后期编辑软件，被广泛应用于各种类型的视频制作中。本书将以最新版——Premiere Pro CC（官方简体中文版）为例讲解基本的数字视频编辑技术。（图 5-1）

5.1 系统界面及主要功能介绍

5.1.1 Premiere Pro 启动

启动 Premiere Pro CC，首先会弹出如图 5-2 所示的欢迎窗口。单击"新建项目"按钮，弹出如图 5-3 所示的新建项目对话框，输入项目名称并设置项目存放位置。单击确定按钮后进入主界面。

单击确定按钮后进入主界面（图 5-4）。

图 5-1 Premiere Pro CC 加载界面

图 5-2 Premiere Pro CC 欢迎窗口

图 5-3 新建项目对话框

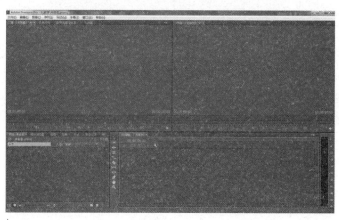

图 5-4 Premiere Pro CC 主界面

主界面由标题栏、菜单栏、监视器、项目、工具、时间轴、音频仪表七部分组成。

5.1.2 菜单栏（图 5-5）

菜单栏位于标题栏下，通过菜单栏中的各项命令可以对视频素材进行编辑制作。例如通过字幕—新建字幕—默认静态字幕命令可以为视频素材添加静态字幕。

文件(F)　编辑(E)　剪辑(C)　序列(S)　标记(M)　字幕(T)　窗口(W)　帮助(H)

图 5-5 菜单栏

5.1.3 项目窗口（图 5-6）

项目窗口主要功能为：导入素材、显示素材信息和新建项目。

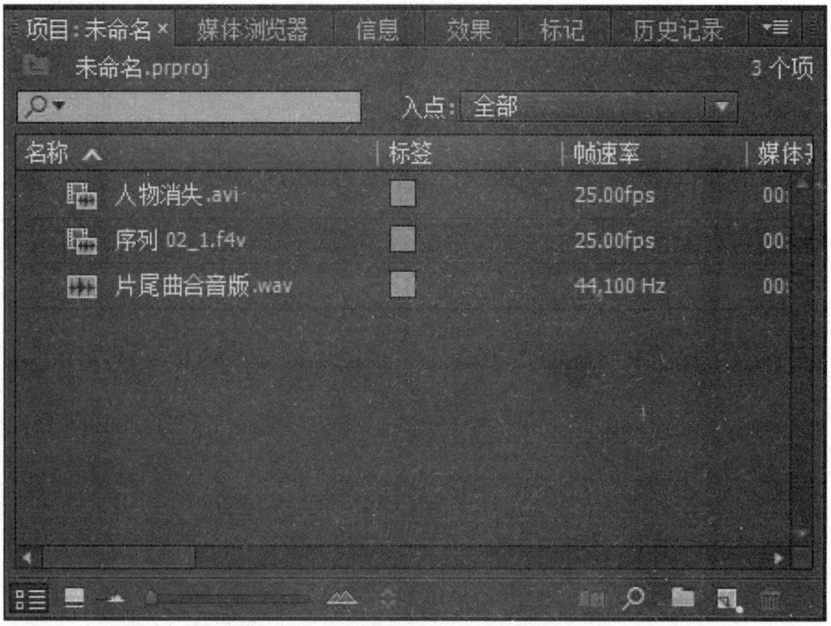

图 5-6 项目窗口

当导入的素材过多时，可通过在 [　　] 或 [　] 键入素材名称，来寻找指定素材。此外，还可以通过 [入点: 全部] 更改查找范围。[　　] 用于改变素材的展现形式。[　　] 五个按钮功能依次为：为选定的素材设置其排列顺序、查找素材、新建用于素材分类的素材箱、新建项（序列、脱机文件、调整图层、字幕、彩条等）、清除。

5.1.4 时间轴窗口（图 5-9）

时间轴窗口是编辑视频、音频素材的主要窗口，它由轨道、时间指针和工具按钮组成。

默认情况下，在新建项目后，Premiere Pro CC 是没有序列的，此时时间轴窗口没有轨道和指针，如图 5-7 所示。

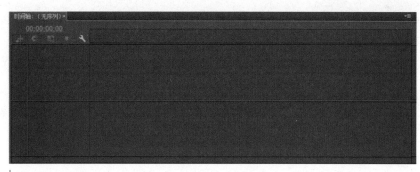

图 5-7 时间轴窗口（无序列时）

这就就需要我们通过菜单栏中"文件—新建—序列"命令来创建一个新序列，在弹出的新建序列窗口（图 5-8）中选择"DV-PAL- 标准 48KHz"单击确定。

图 5-8 新建序列窗口

此时，时间轴窗口出现了轨道和时间指针（图 5-9）。

00:00:13:05 用于显示时间指针处的时间码。

单击此按钮，将序列作为嵌套或个别剪辑插入并覆盖。

单击此按钮，在时间轴上编辑视频素材时，会自动对齐素材的头尾。

图 5-9 时间轴窗口（有序列时）

单击此按钮，会将视频素材的画面和音频同步。

单击此按钮，会在时间指针所处的时间码上添加无编号标记。

单击此按钮，可以对时间轴显示进行设置。

00:00:15:00 用于显示影片的时间帧长度。

定位剪辑的位置点。

图 5-10 轨道窗口

在轨道窗口（图 5-10）中上半部分为视频轨道，下半部分为音频轨道。

V1 单击此按钮可以对插入和覆盖的源进行修补。

此按钮用于设置当前轨道是否可编辑。当该按钮显示为 时，该条轨道被锁定，不能被编辑。

A1 单击此按钮用于以此轨道为目标切换轨道。

单击此按钮，当多个轨道被锁定时，执行一个轨道操作后，多个轨道都会受到影响。

此按钮用于控制当前轨道是否显示，当该按钮显示为 时，该轨道上的素材将不会显示。

M 单击此按钮，该轨道音频将被静音。

S 单击此按钮，就会只有这条轨道音频有效。

5.1.5 监视器（图 5-11）

监视器由源素材监视器（图 5-11 左半部分）和序列监视器（图 5-11 右半部分）两部分组成。

　　源素材监视器用来显示单个项目窗口中的素材或轨道上的素材，序列监视器用来显示序列上的全部素材。

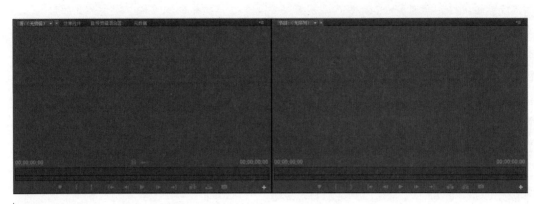

图 5-11　监视器

00:00:00:00 显示当前素材播放所处的时间码。

00:01:14:01 显示当前素材的时间总长度。

适合 单击该按钮，可以改变素材在窗口预览中的显示比例。

按住该按钮并向视频轨道上拖动时，将只移动素材的视频部分至轨道上。

按住该按钮并向音频轨道上拖动时，将只移动素材的音频部分至轨道上。

单击该按钮，设置无编号的标记。

单击该按钮，设置视频素材的入点。

单击该按钮，设置视频素材的出点。

单击该按钮，跳转至设置的入点。

单击该按钮，跳转至设置的出点。

单击该按钮，倒退一帧。

单击该按钮，前进一帧。

单击该按钮，可以播放素材或暂停素材播放。

单击该按钮，将所选素材插入时间线所处位置的轨道上，不会对原时间线后的素材产生影响。

单击该按钮，将所选素材覆盖到时间所处位置的轨道上，会对原时间线后的素材进行覆盖。

点击该按钮，将输出一张静帧。

单击该按钮，可以增加或删减当前按钮。

5.1.6 工具条（图 5-12 ）

图 5-12　工具条

选择工具：选择和移动时间轴上的素材。

轨道选择工具：选择轨道上的所有素材。

波纹编辑工具：拖动素材的出点可改变素材的长度，与其相邻的素材长度保持不变。

滚动编辑工具：在需要编辑的素材边缘拖动，增加该素材的长度，相邻的素材长度减少。

比率拉伸工具：改变素材的播放速度。

剃刀工具：分割素材。

外滑工具：改变一段素材的入点和出点，而该素材的总长度不变。

内滑工具：被选择移动的素材长度不变，相邻素材的出入点和长度会发生变化。

钢笔工具：用于框选、移动和添加动画关键帧。

手形工具：可以左右移动时间线。

缩放工具：可以放大／缩小时间线的显示单位。

5.2 素材采集与导入

5.2.1 素材采集

在微视频创作中，我们的素材绝大多数通过摄相机拍摄获取，要使用这些素材就必须将摄像机中存储的数据转存到电脑上，也就我们常说的素材采集。

打开 Premiere Pro CC 并建立好工程后，单击菜单栏"文件"—"捕捉"或通过快捷键 F5 弹出图 5-13 所示的捕捉窗口。

捕捉窗口由预览窗口、设备控制面板、记录面板、设置面板四个部分组成。

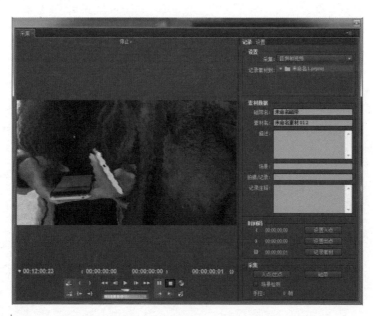

图 5-13

（1）预览窗口（图 5-14）

用来显示采集或回放过程中素材的播放效果。

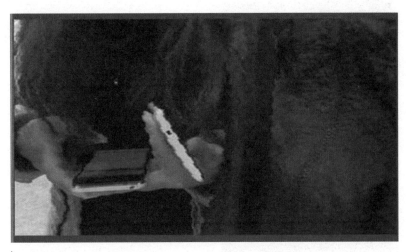

图 5-14

（2）设备控制面板（图 5-15）

00;00;00;00
{ 00;00;00;00
23;00;00;01 }
00;00;00;00

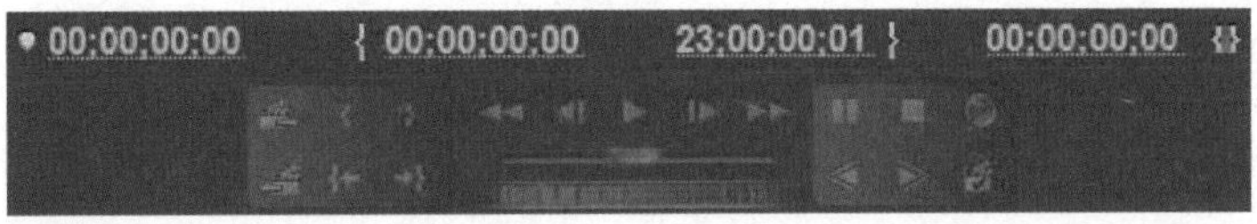

图 5-15

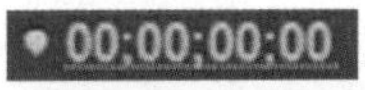

00;00;00;00
：设置素材采集开始时的入点位置

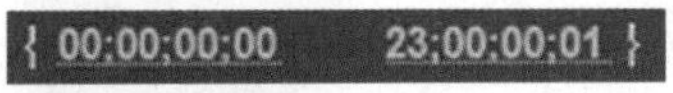

{ 00;00;00;00
23;00;00;01 }
：设置素材开始采集时的入点和出点位置。

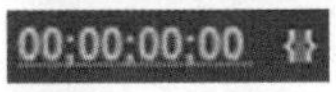

00;00;00;00
：设置采集素材的时间长度。

：单击此按钮跳到下一场景。 ：单击此按钮跳到上一场景

：单击此按钮设置素材采集的入点。 ：单击此按钮设置素材采集的出点。

：单击此按钮时间指针跳到入点位置。 ：单击此按钮时间指针跳到出点位置。

：从左至右功能分别为快速后退素材、后退一帧素材、播放素材、前进一帧素材、快速前进素材。

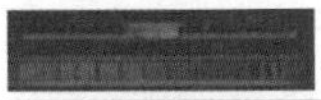

：拖动此按钮可以快速前进或后退素材。

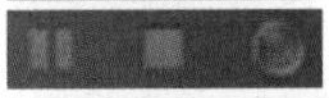

：从左至右功能分别为暂停播放素材、停止播放素材、录制素材。

：从左至右功能分别为慢速倒放素材、慢速播放素材、查找素材中的某个场景。

（3）设置面板（图 5-16）

在捕捉设置中，单击编辑可以选择 DV 或 HDV 两种采集格式。

在捕捉位置设置中，可设置采集的视频和音频存放的位置。

图 5-16

采集步骤：

步骤 1. 将摄像机调整为 VCR 模式（回放模式），通过采集线连接电脑采集卡。

步骤 2. 打开 Premiere Pro CC 并建立好工程后，单击菜单栏"文件"—"捕捉"或通过快捷键 F5 弹出图 5-13 所示的捕捉窗口。如提示捕捉设备脱机，请检查相关设备连接是否正常。

步骤 3. 按照需要设置好采集素材存放位置并填写好采集信息。

步骤 4. 当需要采集磁带上的全部内容时，先将磁带倒回到开始位置，然后点击 ▉▉▉磁带▉▉▉ 开始采集；当需要采集磁带上的一部分内容时，在 ▉▉▉▉▉▉▉ 设置好入点出点，再点击 ▉▉入点和出点▉▉ 开始采集。同时还可以通过将时间指针移动到素材采集的入点位置，点击▶播放按钮后，迅速点击●录制按钮的方法来采集部分内容。

步骤 5. 采集完成后，在项目窗口中会生成一个视频素材。如果采集时勾选了 ▉▉场景检测▉，并且原素材中存在多个场景，那么采集后的素材也会是多个文件。

5.2.2 支持导入的文件格式

Premiere Pro CC 支持导入多种视频、音频、图片格式。Premiere Pro 支持下列格式文件的导入。

支持的视频文件格式：

3GP，3GP2，ASF，AVI，DV，FLV，F4V，GIF，M1V，M2T，M2TS，M4V，MOV，MP4，MPEG，MPE，MPG，M2V，MTS，MXF，R3D，SWF，VOB，WMV。

支持的音频文件格式：

AAC，AC3，AIFF，AIF，ASND，BWF，M4A，MP3，MPEG，MPG，MOV，MXF，WMA，WAV。

支持的图片文件格式：

AI，EPS，BMP，DIB，RLE，DPX，EPS，GIF，ICO，JPEG，PICT，PNG，PSD，PSQ，PTL，PRTL，TGA，ICB，VDA，VST，TIF。

另外，通过安装其他的编解码器，可以扩展 Premiere Pro 导入其他文件类型的能力。常用的编解码器有：K-Lite Mega Codec Pack，完美解码。

5.2.3 素材的导入

Premiere Pro CC 可以通过菜单命令、项目面板、媒体游览器、键盘快捷键等多种方式导入素材。下面介绍两种最常用的方法。

方法一：

单击菜单栏中"文件"—"导入"命令，弹出图 5-17 所示的对话框，选择你要导入的单个、多个素材或文件夹。

图 5-17

方法二：

双击项目面板的空白区域（图 5-18），弹出和方法一中一样的对话框，选择你要导入的单个、多个素材或文件夹。

5.3 编辑素材

在 Premiere Pro 中主要通过"时间线"窗口和监视器窗口编辑素材。"时间线"窗口主要用于建立序列、插入素材、裁剪素材、合成素材、编辑特效等；监视器窗口主要用于观看原始素材或编辑好的素材，设置素材的出入点等。

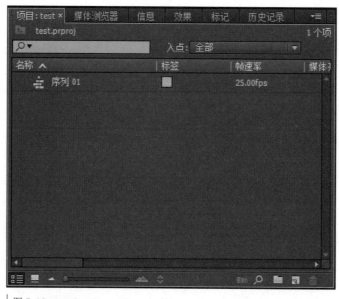

图 5-18

5.3.1 添加素材到时间线窗口

（1）当需要将整个素材添加到时间线窗口时

步骤 1：打开 Premiere Pro，单击"新建项目"按钮，弹出新建项目对话框，输入项目名称和设置项目存放位置。单击确定按钮后进入主界面。

步骤 2：执行菜单栏"文件—新建—序列"命令，创建一个新序列，在弹出的新建序列窗口中选择"DV-PAL- 标准 48KHz"单击确定。

步骤 3：双击项目面板空白区域，在弹出的对话框中选择你要导入的素材（图 5-19）。

图 5-19

步骤 4：在项目面板中，按住鼠标左键将"01.avi"拖拽到时间线上（图 5-20）。

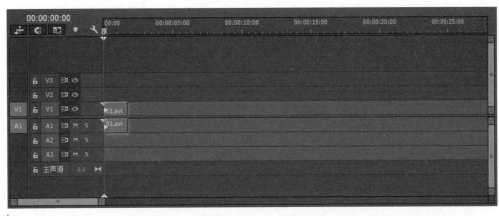

图 5-20

（2）当需要将素材的一部分添加到时间线窗口时

步骤 1：打开 Premiere Pro，单击"新建项目"按钮，弹出新建项目对话框，输入项目名称和设置项目存放位置。单击确定按钮后进入主界面。

步骤 2：执行菜单栏"文件—新建—序列"命令，创建一个新序列，在弹出的新建序列窗口中选择"DV-PAL- 标准 48KHz"单击确定。

步骤 3：双击项目面板空白区域，在弹出的对话框中选择你要导入的素材（图 5-19）。

步骤 4：在项目面板中，双击导入的素材"01.avi"。此时素材"01.avi"就出现在源素材监视器中。（图 5-21）

图 5-21

步骤5：移动源素材监视器中的时间指针到素材的入点位置，单击 ▌ 按钮，设置入点。然后再拖动指针到素材的出点位置，单击 ▌ 按钮，设置出点。

步骤6：设置好素材出入点后，单击 ▣ 插入按钮后，素材就导入到时间线上（图5-22）。

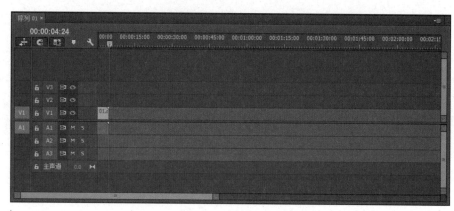

图 5-22

这里需要注意一下 ▣ 插入按钮和 ◎ 覆盖按钮的区别：当时间线上没有素材时 ▣ 插入按钮和 ◎ 覆盖按钮没有区别；当时间线上已经有素材时，单击 ▣ 插入按钮后，会将素材插入已有素材中，已有素材会被分开，插入点后面的原素材会后移，总长度为 00:00:08:13（图5-23）。

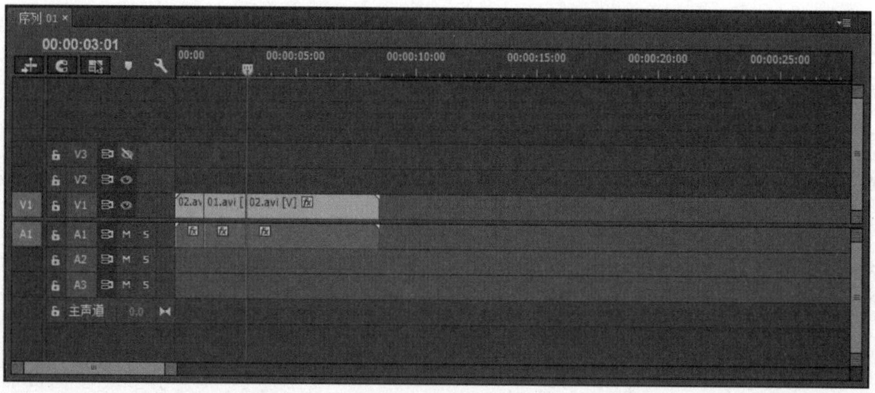

图 5-23

当时间线上已经有素材时，单击 ◎ 覆盖按钮后，会将素材覆盖到已有的素材中，已有素材会被分开，插入点后的已有素材会被覆盖掉，被覆盖的素材长度和新加入的素材长度一致（图5-24）。

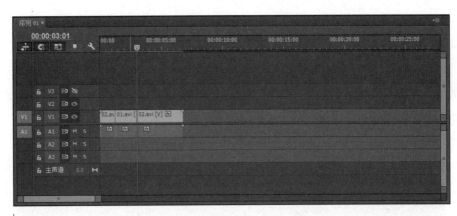

图 5-24

步骤 7：如果我们只需要素材的视频部分时，在设置好出入点后，单击并按住 📋 仅拖动视频按钮，将素材拖拽到时间线上（图 5-25）。

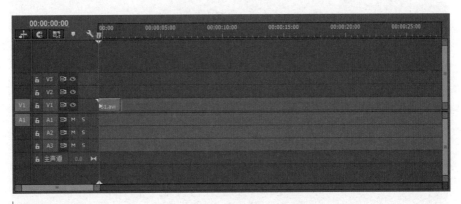

图 5-25

当我们只需要素材的音频部分时，在设置好出入点后，单击并按住 ⟼⟍ 仅拖动音频按钮，将素材拖拽到时间线上（图 5-26）。

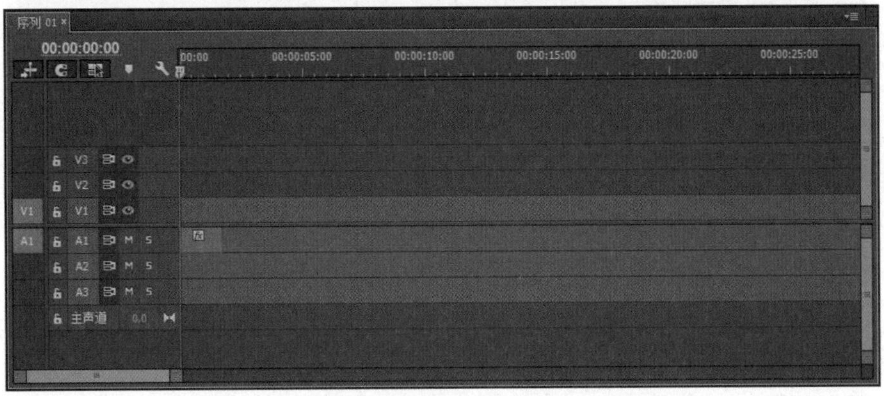

图 5-26

5.3.2 编辑素材

（1）编辑方法一：选择素材

①选择一个或多个素材

单击工具栏上的 选择工具（快捷键 V），单击时间线上的某个素材，即可选中该素材图（5-27）。

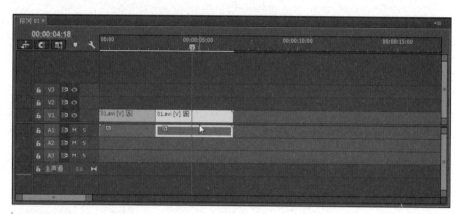

图 5-27

单击工具栏上的 选择工具（快捷键 V），在按住 Shift 键的同时单击需要选择的多个素材，即可选中多个素材（图 5-28）。

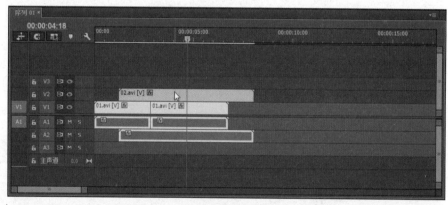

图 5-28

也可以按住鼠标左键框选需要选择的多个素材，即可选中多个素材（图 5-29）。

②选择一个或多个轨道上的素材

单击工具栏上的 轨道选择工具（快捷键 A），按住 Shift 同时单击时间线上某个轨道，即可选中该轨道上的所有素材（图 5-30）。

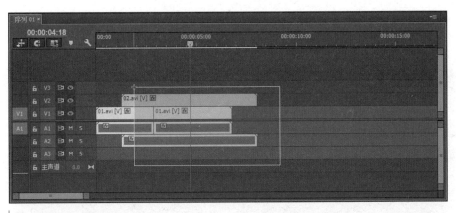

图 5-29

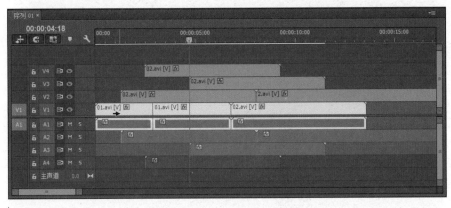

图 5-30

单击工具栏上的 ⬚ 轨道选择工具（快捷键 A），单击时间线上某个轨道某段素材时，该素材及素材后面所有轨道上的素材都会被选中（图 5-31）。

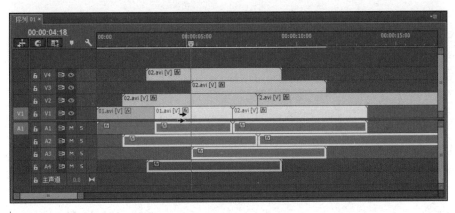

图 5-31

（2）编辑方法二：分割素材

素材被添加到时间线上后，有可能需要进行分割操作，分割素材需要用到工具栏中的 ◆ 剃刀工具，使用方法如下：

步骤一：在工具栏上点击 ◇ 剃刀工具（快捷键 C）。

步骤二：将鼠标移动到时间线上素材需要切割的部分，单击鼠标一次便将素材一分为二（图 5-32）。

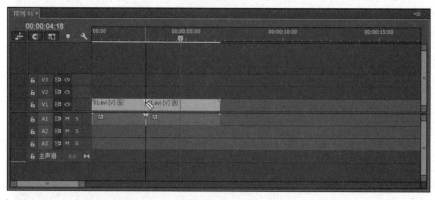

图 5-32

（3）编辑方法三：删除素材

① 清除素材

用选择工具选中要清除的素材，使用键盘快捷键 Backspace 或 Delete，该素材即被删除，被删素材区域会留下空白（图 5-33）。

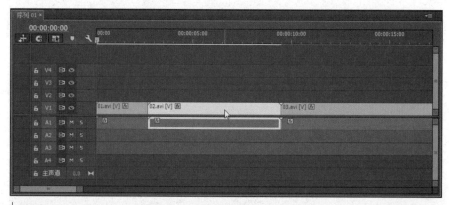

图 5-33a 删除前

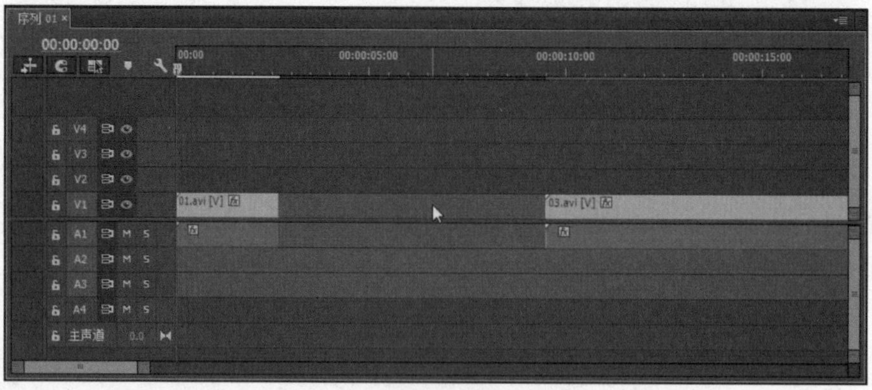

图 5-33b 删除后

②波纹删除

用选择工具选中要清除的素材，使用键盘快捷键 Shift+Delete，该素材即被删除，被删素材后面的素材会向前移动，填补被删素材留下的空白（图 5-34）。

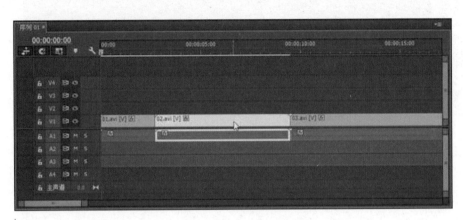

图 5-34 波纹删除

（4）编辑方法四：复制和粘贴素材

用选择工具选中需要复制的素材，使用键盘快捷键 Ctrl+C，移动时间指针到需要粘贴素材的时间点，使用 Ctrl+V，完成素材的粘贴，如果时间指针后面已有素材，则所粘贴的素材会覆盖已有素材，覆盖范围和粘贴的素材长度一致。

此外，还可以使用"粘贴插入"素材功能：用选择工具选中需要复制的素材，使用键盘快捷键 Ctrl+C，移动时间指针到需要粘贴素材的时间点，使用 Ctrl+Shift+V，完成素材的粘贴，如果时间指针后面已有素材，那么时间指针后面已有素材会向后移动，移动范围和粘贴的素材长度一致（图 5-35）。

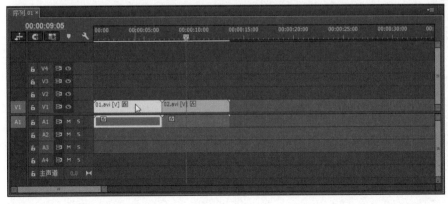

图 5-35a 复制前

图 5-35b 粘贴插入后

（5）编辑方法五：改变素材长短

将鼠标移至需要改变长短的素材头部，按住鼠标左键向前移动会使素材总时间变长（图 5-36），向右移动会使素材总时间变短（图 5-37）；将鼠标移至需要改变长短的素材尾部，按住鼠标左键向前移动会使素材总时间变短，向右移动会使素材总时间变长。

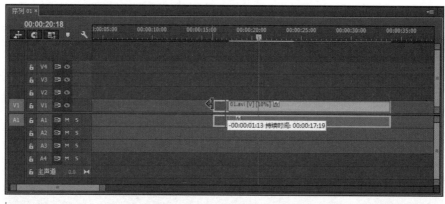

图 5-36

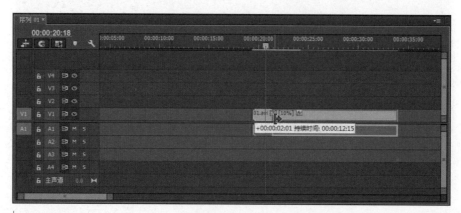

图 5-37

（6）编辑方法六：改变素材的播放速度

选中要改变播放速度的素材，单击鼠标右键选择"速度/持续时间"命令，弹出"剪辑速度/持续时间"对话框（图5-38）。在速度栏中修改播放发速度，数值大于100则为快放，数值低于100则为慢放。勾选"倒放速度"时，视频会倒放；勾选"保持音频音调"时，只会修改视频播放速度，音频保持不变。

图 5-38

此外，通过工具面板上的比特率拉伸工具也可以改变素材的播放速度。

（7）编辑方法七：解链接与链接

有时我们需要对某段素材的视频部分或音频部分单独编辑，这需要用到链接与解链接功能（图5-39)。

选中要解链接的素材，单击鼠标右键选择"取消链接"命令（快捷键 Ctrl+L），该素材的视频部分和音频部分就被分开了。取消链接后如果想再次链接，只需框选视频部分和音频部分，单击鼠标右键选择"链接"命令（快捷键 Ctrl+L）。

图 5-39a 链接

图 5-39b 解链接

（8）编辑方法八：编组与解组

有时我们需要对多段素材进行选择、移动、复制、删除等编辑，这时就要用到编组功能。

框选需要编辑的多段素材，单击鼠标右键选择"编组"命令，此时多段素材被编为一个组，成组后可以对素材组进行移动、复制和删除等操作。如果需要解组，则右击素材组中的任何一段素材选择"解组"命令。

（9）编辑方法九：相邻素材的编辑

① ◄►波纹编辑工具

波纹编辑工具可以调整一个素材在其轨道上的持续时间，而且不会影响与其相邻素材的持续时间，但会影响整个视频的持续时间。

步骤1：单击工具栏中的 ◄►波纹编辑工具，单击需要编辑的片段。

步骤2：移动鼠标到两个片段的结合处，左右拖动鼠标，进行波纹编辑（图5-40）。

通过对比图5-40和图5-41可以发现，使用波纹编辑工具调整素材"01.avi"后，与其相邻的素材"02.avi"持续时间没有变化，整个视频的持续时间变短了。

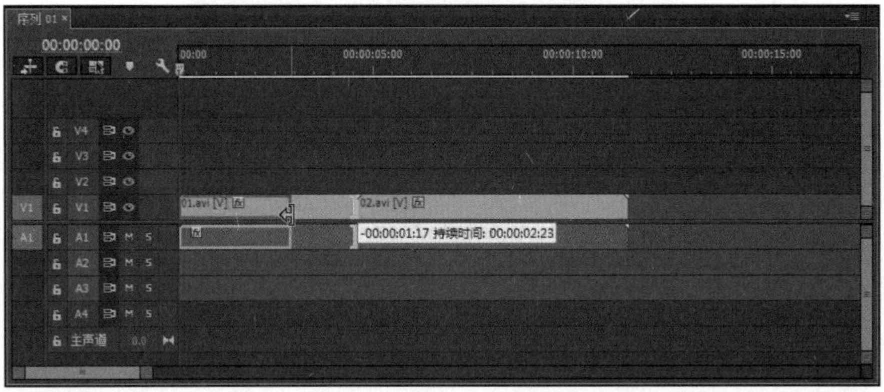

图 5-40

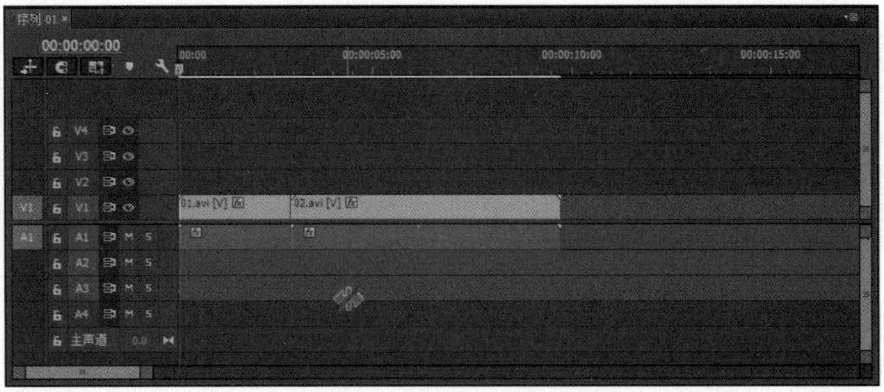

图 5-41

② 滚动编辑工具

滚动编辑工具可以调整一个素材在其轨道上的持续时间，同时会影响与其相邻素材的持续时间，但不会影响整个视频的持续时间。

步骤 1：单击工具栏中的 滚动编辑工具，单击需要编辑的片段。

步骤 2：移动鼠标到两个片段的结合处，左右拖动鼠标，进行滚动编辑（图 5-42）。

图 5-42

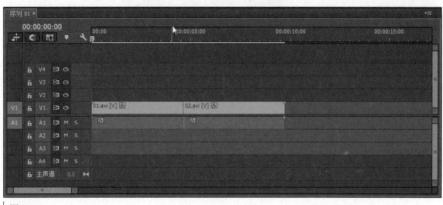

图 5-43

通过对比图 5-42 和图 5-43 可以发现，使用滚动编辑工具调整素材 "01.avi" 后，与其相邻的素材 "02.avi" 持续时间变短，整个视频的持续时间不变。

③ 外滑工具

外滑工具可以调整一个素材的入点和出点，不会改变该素材的持续时间，也不会影响与其相邻素材的出入点及持续时间，整个视频的持续时间不变。

步骤 1：单击工具栏中的 外滑工具，单击需要编辑的片段。

步骤 2：移动鼠标到两个片段的结合处，左右拖动鼠标，进行外滑操作（图 5-44）。

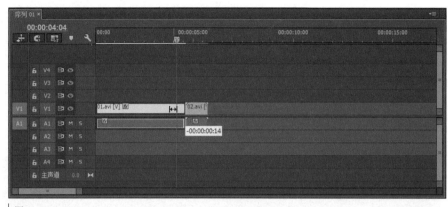

图 5-44

步骤 3：在拖动鼠标的同时，监视器窗口会显示被修改素材的出点和入点以及相邻素材的入点（图 5-45）。

图 5-45

④ 内滑工具

内滑工具可以调整一个素材的入点和出点，不会改变该素材的持续时间，但会影响与其相邻素材的出入点，整个视频的持续时间不变。

步骤 1：单击工具栏中的 内滑工具，单击需要编辑的片段。

步骤 2：移动鼠标到两个片段的结合处，左右拖动鼠标，进行内滑操作（图 5-46）。

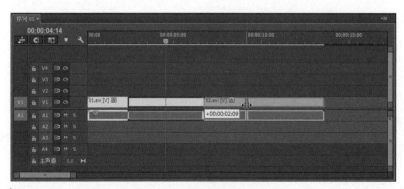

图 5-46

步骤 3：在拖动鼠标的同时，监视器窗口会显示被修改素材的出点或入点以及修改素材原来的入点和出点（图 5–47）。

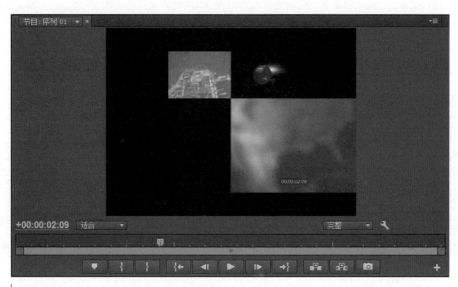

图 5-47

5.4 常用特效

Premiere Pro CC 特效部分由预设、音频效果、音频过渡、视频效果、视频过渡、Lumetri Looks 六部分组成。在微视频制作中，我们主要使用视频过渡、视频效果、音频过渡这四个部分，且大多数情况下我们并不需要对特效参数进行额外的设置，使用默认效果即可。限于本书篇幅有限，本节将从视频过渡、视频效果、音频过渡、音频效果这四个方面各举以一个例子分析。

5.4.1 视频转场特效

转场主要用于素材场景之间的变换，即从一个场景切换到另外一个场景。转场有硬切和软切两种。硬切是指一个镜头结束后，紧接着另一个镜头，其间没有引入特效，这是影视作品中最常使用的方法。软切是指一个镜头完成之后，运用特技效果过渡到另一个镜头的过程，从而表达制作者希望传达的某种情绪或交代某些要素的效果。

Premiere Pro CC 提供了 3D 运动、伸缩、划像、擦除、映射等 10 类转场特效（图 5–48），这里以微视频制作中常用的转场特效"交叉溶解"（淡入淡出）为例介绍如何添加、删除转场特效以及转场特效参数调整。

（1）添加和删除转场特效

步骤一：打开 Premiere Pro CC，单击"新建项目"按钮，弹出新建项目对话框，输入项目名称和设置项目存放位置。单击确定按钮后进入主界面。

步骤二：执行菜单栏"文件—新建—序列"命令，创建一个新序列，在弹出的新建序列窗口中选择"DV–PAL– 标准 48KHz"单击确定。

步骤三：双击项目面板空白区域，在弹出的对话框中导入两段素材，并将两段素材拖入时间线中。

步骤四：点击"效果"面板，依次展开"视频过渡—溶解"。

步骤五：点击并拖动"交叉溶解"转场特效至时间线上两端素材的结合处（图5-49），这样就为两段素材加上了"交叉溶解"转场特效（图5-50）。

步骤六：如果想删除转场特效，只需要单击在时间线上的"交叉溶解"转场特效（图5-51），按下键盘上的Delete键即可删除。

图 5-48

图 5-49

图 5-50

图 5-51

（2）转场特效参数调整

步骤一：点击"效果控件"展开效果控制面板（图5-52）。

步骤二：修改"持续时间"可以改变转场特效持续的时间；修改"对齐"可以改变转场特效的对齐方式：中心切入、起点切入、终点切入（图5-53）；修改"开始"的数值可以改变转场特效开始时A素材的透明度，100为透明，0为不透明；修改"结束"的数值可以改变特效结束时B素材的透明度，100为不透明，0为透明。

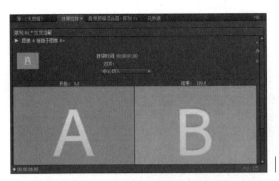

图 5-52

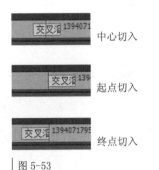

中心切入

起点切入

终点切入

图 5-53

5.4.2 视频特效

Premiere Pro CC 提供了变换、图像控制、实用程序、扭曲、时间等 16 类特效（图 5-54），这里分别以运动特效中的"缩放"和视频抠像中常用的"颜色键"为例介绍如何添加、删除特效以及特效参数调整。

图 5-54

（1）缩放特效

步骤一：打开 Premiere Pro CC，单击"新建项目"按钮，弹出新建项目对话框，输入项目名称和设置项目存放位置。单击确定按钮后进入主界面。

步骤二：执行菜单栏"文件—新建—序列"命令，创建一个新序列，在弹出的新建序列窗口中选择"DV-PAL- 标准 48KHz"单击确定。

步骤三：双击项目面板空白区域，在弹出的对话框中导入素材，并将素材拖入时间线中，素材开始时间码和时间指针所处时间码均为 00:00:00:00。

步骤四：选定素材，单击"效果控件"展开"运动"特效，修改缩放数值，数值范围从 0 到 600，低于 100 为缩小，高于 100 为放大，这样就完成了素材的缩放特效。如果想产生素材逐渐变大或变小的效果请看下面步骤。

步骤五：修改缩放数值为 36（图 5-55），点击缩放前的 按钮加入关键帧。

步骤六：向后移动时间线上的时间指针，这里移动到 00:00:05:00。单击"效果控件"展开"运动"特效，修改缩放数值为 100。

步骤七：将时间线上的时间指针移到时间码 00:00:00:00 上，单击序列监视器上的 ▶ 播放按钮（快捷键 space），可以发现素材随时间的变化由小到大，这就是运动缩放特效。

步骤八：如果想删除缩放特效，点击缩放一栏中最右边的 ![] 复位按钮；如果要删除运动缩放特效，除了点击 ![] 复位按钮，还需要点击缩放前的 ![] 按钮，弹出删除关键帧的对话框，单击确定。

图 5-55

（2）颜色键特效（抠像）

步骤一：打开 Premiere Pro CC，单击"新建项目"按钮，弹出新建项目对话框，输入项目名称和设置项目存放位置。单击确定按钮后进入主界面。

步骤二：执行菜单栏"文件—新建—序列"命令，创建一个新序列，在弹出的新建序列窗口中选择"DV-PAL- 标准 48KHz"单击确定。

步骤三：双击项目面板空白区域，在弹出的对话框中导入背景素材和抠像素材，并将背景素材拖入轨道 1 上，抠像素材拖入轨道 2 上（图 5-56）。

图 5-56

步骤四：点击"效果"面板，依次展开"视频效果—键控"。

步骤五：点击并拖动"颜色键"特效至时间线轨道 2 上的抠像素材上。

步骤六：选定位于时间线轨道 2 上的抠像素材，打开"效果控件"面板，展开"颜色键"特效（图5-57）。

图 5-57

步骤七：点击 ✒ 颜色吸管按钮，移动鼠标指针到序列监视器上，单击背景颜色（图 5-58）。

图 5-58

步骤八：此时已经去掉大部分背景色，但是主体边缘依然有部分背景色（图 5-59)。回到"效果控件"面板，调整"颜色键"下的颜色容差、羽化边缘（图 5-60），主体基本抠像完成（图 5-61）。

图 5-59

图 5-60

图 5-61

步骤九：如果想删除颜色键特效，只需要在"效果控件"面板上，选定"颜色键"特效，按下键盘上的 Delete 键即可删除。

5.4.3 音频过渡特效

Premiere Pro CC 提供了恒定功率、恒定增益、指数淡化三种音频过渡特效。恒定功率过渡特效是以曲线淡化方式（图5-62）从一段声音素材过渡到另外一段声音素材，声音过渡更为圆滑；恒定增益和指数淡化是以线性淡化方式（图5-63）从一段声音素材过渡到另外一段声音素材，声音过渡更为直接。这三种音频过渡特效都没有具体的设置参数。这里以"恒定功率"为例介绍如何添加和删除音频淡入淡出效果。

 图5-62　　 图5-63

步骤一：打开 Premiere Pro CC，单击"新建项目"按钮，弹出新建项目对话框，输入项目名称和设置项目存放位置。单击确定按钮后进入主界面。

步骤二：执行菜单栏"文件—新建—序列"命令，创建一个新序列，在弹出的新建序列窗口中选择"DV-PAL- 标准 48KHz"单击确定。

步骤三：双击项目面板空白区域，在弹出的对话框中导入两段声音素材，并将两段素材拖入时间线中。

步骤四：点击"效果"面板，依次展开"音频过渡—交叉淡化"。

步骤五：点击并拖动"恒定功率"特效至时间线上两端素材的结合处（图5-64），这样就为两段素材加上了"淡入淡出"过渡特效；点击并拖动"恒定功率"特效至时间线上第一段素材的开始处（图5-65），这样就为这段素材加上了"淡入"过渡特效；点击并拖动"恒定功率"特效至时间线上第二段素材的结尾处（图5-66），这样就为这段素材加上了"淡出"过渡特效。

步骤六：如果想删除过渡特效，只需要单击在时间线上的"恒定功率"过渡特效，按下键盘上的 Delete 键即可删除。

 图5-64　　 图5-65　　 图5-66

5.4.4 音频效果

Premiere Pro CC 提供了多功能延迟、多频段压缩器、带通、音量等丰富的音频效果，但在微视频制作中一般都使用 Audition 软件编辑声音，Premiere 多用来调整音频素材音量。这里以"音量"效果为例介绍如何添加、删除音频效果和音频效果参数调整。

步骤一　打开 Premiere Pro CC，单击"新建项目"按钮，弹出新建项目对话框，输入项目名称和设置项目存放位置。单击确定按钮后进入主界面。

步骤二　执行菜单栏"文件—新建—序列"命令，创建一个新序列，在弹出的新建序列窗口中选择"DV-PAL- 标准 48KHz"单击确定。

步骤三：双击项目面板空白区域，在弹出的对话框中导入声音素材，并将素材拖入时间线中。

步骤四：点击"效果控件"面板，展开"音量"。

步骤五：调整"音量"的数值，调整范围从 -287.5—6 dB（图5-67），这样就达到了调整素材音量的效果。

步骤六：如果想取消音量调整，只需要单击数值旁边的 ↻，即可重置音量。

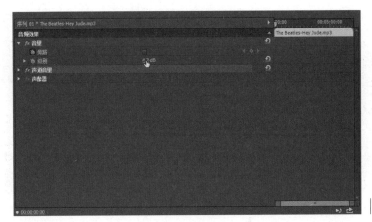

图 5-67

5.5 字幕制作

字幕是微视频作品中必不可少的组成部分,无论是片头、片中、片尾都会出现,它可以增加画面的信息量,对画面有说明、补充、扩展、强调等作用,此外还会加强信息的准确性,减少听觉误差。本节将从新建字幕、字幕窗口介绍、滚动字幕制作三个方面简单介绍一下如何使用 Premiere Pro CC 制作字幕。

5.5.1 新建字幕

步骤一：打开 Premiere Pro CC,单击"新建项目"按钮,弹出新建项目对话框,输入项目名称和设置项目存放位置。单击确定按钮后进入主界面。

步骤二：执行菜单栏"文件—新建—序列"命令,创建一个新序列,在弹出的新建序列窗口中选择"DV-PAL- 标准 48KHz"单击确定。

步骤三：执行菜单栏"字幕—新建字幕—默认静态字幕"命令,创建一个静态字幕,在弹出的新建字幕对话框中输入字幕名称,单击确定。

步骤四：新建的字幕此时出现在项目面板中,双击新建的字幕进入字幕编辑界面(图 5-68)。

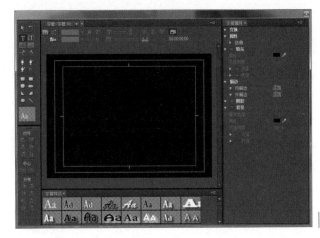

图 5-68

步骤五：在字幕框中按住鼠标左键绘制出一个文本框(图 5-69),并在文本框中输入字幕。

步骤六：关闭字幕框,将项目面板中的字幕拖到时间线上,这样字幕就新建完毕了(图 5-70)。

图 5-69

图 5-70

5.5.2 字幕窗口介绍

字幕窗口由工具栏、格式栏、格式面板、字幕工作区、字幕安全框、字幕样式面板和字幕属性面板组成（图5-71）。

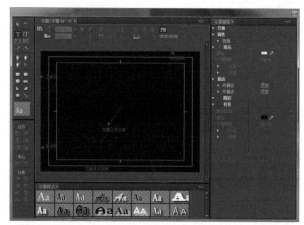

图 5-71

（1）工具栏

选择工具：用于选择字幕工作区域内的字幕，可移动、放大、缩小字幕框。

旋转工具：用于旋转字幕工作区域内的字幕。

文字工具：用于在字幕工作区域内创建水平字幕。

垂直文字工具：用于在字幕工作区域内创建垂直方向的字幕。

区域文字工具：用于在字幕工作区域内创建水平方向的多行字幕。

垂直区域文字工具：用于在字幕工作区域内创建垂直方向的多行字幕。

垂直路径文字工具：用于在字幕工作区域内创建一条路径，沿路径输入文字，文字垂直于路径排列。

平行路径文字工具：用于在字幕工作区域内创建一条路径，沿路径输入文字，文字平行于路径排列。

钢笔工具：用于调整由垂直路径文字工具和水平路径文字工具所创建出来的路径。

添加锚点工具：用于为文本路径添加节点。

删除锚点工具：用于为文本路径删除节点。

转换锚点工具：用于调整文本路径的平滑度。

图形绘制工具：用于绘制各种图形。

（2）格式栏

对齐工具：将选择的所有字幕或图形按照一定方式对齐排列。

居中工具：将选择的所有字幕或图形按照垂直居中或水平居中对齐。

分布工具：将选择的所有字幕或图形按照一定方式平均分布。

（3）格式面板

基于当前字幕新建字幕：点击该按钮可以新建一个和当前编辑的字幕属性设置完全相同的字幕。

滚动 / 游动选项：设置字幕滚动方式、滚动时间。

模板：套用字幕模板。

：设置字体和字体样式。

粗体：加粗字幕。

斜体：使字幕变成斜体。

下划线：给字幕加下划线。

设置字体大小。

间距：设置字体间距。

行距：设置字体行距。

对齐：设置字体对齐方式。

：单击该按钮会隐藏背景视频，下方的时间码为当前字幕所处位置。

（4）字幕工作区

字幕、图形的创建和显示区域。

（5）字幕安全框

在此范围内的字幕可以在电视机上正常显示。

（6）字幕样式面板

在这个区域，可以调用、预览 Premiere Pro CC 自带的各种丰富的字幕样式。

（7）字幕属性面板

用来设置字幕的位置、透明度、字体、字号、颜色、阴影等相关属性。

5.5.3 滚动字幕制作

在微视频作品结尾通常会出现演员、制作人员等信息，这些信息都是以滚动的方式显示出来的。下面我们来介绍滚动字幕的制作方法。

步骤一：打开 Premiere Pro CC，单击"新建项目"按钮，弹出新建项目对话框，输入项目名称和设置项目存放位置。单击确定按钮后进入主界面。

步骤二：执行菜单栏"文件—新建—序列"命令，创建一个新序列，在弹出的新建序列窗口中选择"DV-PAL- 标准 48KHz"单击确定。

步骤三：执行菜单栏"字幕—新建字幕—默认滚动字幕"命令，创建一个滚动字幕，在弹出的新建字幕对话框中输入字幕名称，单击确定。

步骤四：新建的字幕此时出现在项目面板中，双击新建的字幕进入字幕编辑界面。

步骤五：点击"文字编辑工具"，绘制出文字框，输入相关文字（图 5-72）。

步骤六：在"字幕样式"面板中，双击选择"GaramondPro Gold 37"字幕样式（图 5-73）。

步骤七：在"格式面板"中，设置字体为"楷体"，字体大小"67"，行距"49"，居中对齐（图 5-74）。

步骤八：在"格式面板"中，点击"滚动 / 游动选项"，在弹出的对话框中，勾选"开始于屏幕外"和"结束于屏幕外"（图 5-75）。

步骤九：关闭字幕编辑界面，将项目面板中的字幕拖到时间线轨道 1 上，单击序列监视器上的 ▶ 播放按钮（快捷键 space），可以发现字幕开始滚动（图 5-76）。

图 5-72

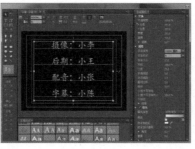
图 5-74

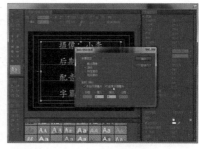
图 5-75

图 5-73

图 5-76

5.6 成片输出

成片输出是微视频制作工作的最后一个环节，成片输出设置直接影响到成片的效果。本节将介绍如何输出成片以及微视频常用的输出设置。

5.6.1 成片输出

步骤一：完成所有素材编辑制作后，执行菜单栏"文件—导出—媒体"命令，弹出"导出设置"界面（图5-77）。

步骤二：点击"格式"选择"PAL"，"预设"选择"PAL DV"；点击输出名称旁的"序列04.mpg"，在弹出的对话框中选择成片输出到的文件夹，修改输出名称，单击保存。

步骤三：点击"导出"，视频就开始输出（图5-78），输出完成后会自动关闭导出设置界面。

步骤四 在指定的输出文件夹中可以找到输出的成片，输出完成。

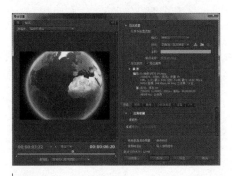

图 5-77

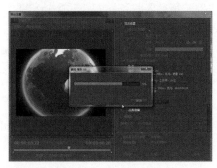

图 5-78

5.6.2 微视频常用的输出设置

（1）输出设置一（用于上传优酷等视频网站，对视频体积和质量有一定要求）

步骤一：完成所有素材编辑制作后，执行菜单栏"文件—导出—媒体"命令，弹出"导出设置"界面。

步骤二：点击"格式"选择"H.264"；点击"视频"，在"基本视频设置"中点击"匹配"。在"比特率设置中"，将"比特率编码"设为"VBR，2次"。当源素材码率低于1.5Mbps时，设置目标比特率、最大比特率数值使其数值和源素材码率数值相同；当源素材码率高于1.5Mbps时，设置目标比特率为1.5Mbps、最大比特率2Mbps。

步骤三：设置输出文件位置和输出文件名，开始输出。

（2）优酷转码高清、超清、1080p视频格式要求

①分辨率要求

高清分辨率≥600×480；超清分辨率≥960×720；1080p分辨率≥1920×1080。

②时长要求

高清、超清时长≥30秒；1080p时长≥10分钟。

③视频平均码率要求

a. 以下这些视频平均码率 ≥ 1Mbps 时为高清，≥ 1.5Mbps 时为超清，≥ 3.5Mbps 时为 1080p：

—H.264/AVC(Advance Video Coding)/AVCHD/×264 通常使用 MP4，MKV 文件格式，也有的使用 FLV 格式；

—RV40/RealVideo 9，通常使用 RMVB 文件格式；

—WMV3/WVC1/WMVA/VC–1/Windows Media Video 9，通常使用 WMV 文件格式。

b. 以下这些视频平均码率 ≥ 2Mbps 时为高清，≥ 3Mbps 时为超清，≥ 5Mbps 时为 1080p：

—MPEG–4 Visual/Xvid/Divx，通常使用 AVI，MP4 文件格式。

c. 以下这些视频平均码率 ≥ 5Mbps 时为高清，≥ 7.5Mbps 时为超清，≥ 8Mbps 时为 1080p：

—MPEG–2，通常使用 MPEG/MPG/VOB 文件格式；

—MPEG–1，通常使用 MPEG/MPG 文件格式。

（3）输出设置二（用于展播或保存，对视频质量要求较高）

步骤一：完成所有素材编辑制作后，执行菜单栏"文件—导出—媒体"命令，弹出"导出设置"界面。

步骤二：勾选"与序列设置匹配"。

步骤三：设置输出文件位置和输出文件名，开始输出。

附:

Premiere Pro CC 常用键盘快捷键

结果	Windows	Mac OS
文件		
项目/作品...	Ctrl+Alt+N	Opt+Cmd+N
序列...	Ctrl+N	Cmd+N
素材箱		Cmd+/
字幕...	Ctrl+T	Cmd+T
打开项目/作品...	Ctrl+O	Cmd+O
在 Adobe Bridge 中浏览...	Ctrl+Alt+O	Opt+Cmd+O
关闭项目	Ctrl+Shift+W	Shift+Cmd+W
关闭	Ctrl+W	Cmd+W
保存	Ctrl+S	Cmd+S
另存为...	Ctrl+Shift+S	Shift+Cmd+S
保存副本...	Ctrl+Alt+S	Opt+Cmd+S
捕捉...	F5	F5
批量捕捉...	F6	F6
从媒体浏览器导入	Ctrl+Alt+I	Opt+Cmd+I
导入...	Ctrl+I	Cmd+I
导出		
媒体...	Ctrl+M	Cmd+M
获取属性		
选择...	Ctrl+Shift+H	Shift+Cmd+H
退出	Ctrl+Q	
编辑		
撤销	Ctrl+Z	Cmd+Z
重做	Ctrl+Shift+Z	Shift+Cmd+Z
剪切	Ctrl+X	Cmd+X

复制	Ctrl+C	Cmd+C
粘贴	Ctrl+V	Cmd+V
粘贴插入	Ctrl+Shift+V	Shift+Cmd+V
粘贴属性	Ctrl+Alt+V	Opt+Cmd+V
清除	删除	Forward Delete
波纹删除	Shift+Delete	Shift+Forward Delete
复制	Ctrl+Shift+/	Shift+Cmd+/
全选	Ctrl+A	Cmd+A
取消全选	Ctrl+Shift+A	Shift+Cmd+A
查找...	Ctrl+F	Cmd+F
编辑原始	Ctrl+E	Cmd+E
剪辑		
制作子剪辑...	Ctrl+U	Cmd+U
音频声道...	Shift+G	Shift+G
速度/持续时间...	Ctrl+R	Cmd+R
插入	,	,
覆盖	.	.
启用	Shift+E	Shift+Cmd+E
链接	Ctr+l	Cmd+l
编组	Ctrl+G	Cmd+G
取消编组	Ctrl+Shift+G	Shift+Cmd+G
序列		
渲染作品效果 区域/入点到出点	Enter	Return
匹配帧	F	F
添加编辑	Ctrl+K	Cmd+K
添加编辑到所有轨道	Ctrl+Shift+K	Shift+Cmd+K
修剪编辑	T	T

将选定编辑点扩展到播放指示器	E	E
应用视频过渡	Ctrl+D	Cmd+D
应用音频过渡	Ctrl+Shift+D	Shift+Cmd+D
应用默认过渡至选择项	Shift+D	Shift+D
提升	;	;
提取	,	,
放大	=	=
缩小	-	-
转至间隙		
序列中下一段	Shift+;	Shift+;
序列中上一段	Ctrl+Shift+;	Opt+;
对齐	S	S
标记		
标记入点	I	I
标记出点	O	O
标记剪辑	X	X
标记选择项	/	/
转到入点	Shift+I	Shift+I
转到出点	Shift+O	Shift+O
清除入点	Ctrl+Shift+I	Opt+I
清除出点	Ctrl+Shift+O	Opt+O
清除入点和出点	Ctrl+Shift+X	Opt+X
添加标记	M	M
转到下一标记	Shift+M	Shift+M
转到上一标记	Ctrl+Shift+M	Shift+Cmd+M
清除当前标记	Ctrl+Alt+M	Opt+M
清除所有标记	Ctrl+Alt+Shift+M	Opt+Cmd+M

文字对齐		
左	Ctrl+Shift+L	Shift+Cmd+L
居中	Ctrl+Shift+C	Shift+Cmd+C
右	Ctrl+Shift+R	Shift+Cmd+R
制表位…	Ctrl+Shift+T	Shift+Cmd+T
模板…	Ctrl+J	Cmd+J
选择		
上层的下一个对象	Ctrl+Alt+]	Opt+Cmd+]
下层的下一个对象	Ctrl+Alt+[	Opt+Cmd+[
排列		
移到最前	Ctrl+Shift+]	Shift+Cmd+]
前移	Ctrl+]	Cmd+]
移到最后	Ctrl+Shift+[	Shift+Cmd+[
后移	Ctrl+[	Cmd+[
窗口		
工作区		
重置当前工作区…	Alt+Shift+0	Opt+Shift+0
音频剪辑混合器	Shift+9	Shift+9
音频轨道混合器	Shift+6	Shift+6
效果控件	Shift+5	Shift+5
效果	Shift+7	Shift+7
媒体浏览器	Shift+8	Shift+8
节目监视器	Shift+4	Shift+4
项目	Shift+1	Shift+1
源监视器	Shift+2	Shift+2
时间轴	Shift+3	Shift+3
帮助		
Adobe Premiere Pro	F1	F1

帮助...		
键盘...		
添加轨道以匹配源		
清除标识帧	Ctrl+Shift+P	Opt+P
切换到摄像机 1	Ctrl+1	Ctrl+1
切换到摄像机 2	Ctrl+2	Ctrl+2
切换到摄像机 3	Ctrl+3	Ctrl+3
切换到摄像机 4	Ctrl+4	Ctrl+4
切换到摄像机 5	Ctrl+5	Ctrl+5
切换到摄像机 6	Ctrl+6	Ctrl+6
切换到摄像机 7	Ctrl+7	Ctrl+7
切换到摄像机 8	Ctrl+8	Ctrl+8
切换到摄像机 9		Ctrl+9
降低剪辑音量	[	[
大幅降低剪辑音量	Shift+[	Shift+[
展开所有轨道	Shift+=	Shift+=
导出帧	Ctrl+Shift+E	Shift+E
将下一个编辑点扩展到播放指示器	Shift+W	Shift+W
将上一个编辑点扩展到播放指示器	Shift+Q	Shift+Q
面板		
调音台面板菜单		
显示/隐藏轨道...	Ctrl+Alt+T	Opt+Cmd+T
循环	Ctrl+L	Cmd+L
仅计量器输入	Ctrl+Shift+I	Ctrl+Shift+I
捕捉面板		
录制视频	V	V

录制音频	A	A
弹出	E	E
快进	F	F
转到入点	Q	Q
转到出点	W	W
录制	G	G
回退	R	R
逐帧后退	左	左
逐帧前进	右	右
停止	S	S
效果控件面板 菜单		
移除所选效果	Backspace	删除
"效果"面板菜单		
新建自定义素材箱	Ctrl+/	Cmd+/
删除自定义项目	Backspace	删除
"历史记录"面板菜单		
逐帧后退	左	左
逐帧前进	右	右
删除	Backspace	删除
在源监视器中打开	Shift+0	Shift+0
父目录	Ctrl+向上键	Cmd+向上键
选择目录列表	Shift+向左键	Shift+向左键
选择媒体列表	Shift+向右键	Shift+向右键
循环	Ctrl+L	Cmd+L
播放	空格键	空格键
转到下一个编辑点	下	下
转到上一个编辑点	上	上

播放/停止切换	空格键	空格键
录制开/关切换	0	0
逐帧后退	左	左
逐帧前进	右	右
循环	Ctrl+L	Cmd+L
工具		
选择工具	V	V
轨道选择工具	A	A
波纹编辑工具	B	B
滚动编辑工具	N	N
比率拉伸工具	R	R
剃刀工具	C	C
外滑工具	Y	Y
内滑工具	U	U
钢笔工具	P	P
手形工具	H	H
缩放工具	Z	Z

第6章 数字特效技术——After Effects

After Effects[1]同样是隶属于美国Adobe公司的一款专业特效合成软件，与Premiere是兄弟软件的关系。Premiere针对于长片的基本剪辑，更偏重于对视频整体的架构，AE则针对于短片的特效处理，更注重细节的修饰和完善。正如本书前面所介绍的，AE保留有Adobe优秀的软件相互兼容性。它可以非常方便地调入Photoshop，Illustrator的层文件；Premiere的项目文件也可以近乎完美地再现于AE中；甚至还可以调入Premiere的EDL文件。它能将二维和三维在一个合成中灵活地混合起来。AE支持大部分的音频、视频、图文格式，甚至还能将记录三维通道的文件调入进行更改。

在Premiere的基础之上，我们对AE的学习目标要求更高，即能灵活地运用软件，制作完整的视频短片。所以本章每一小节均以完整实例进行讲解，在本章的最后会呈现出一个综合的实例。

本书中所使用的AE为CS6版本。另外，并不推荐大家使用中文版，汉化后的AE偶尔会出现这样那样的问题，并不适合初学者。

6.1 AE 基础动画

6.1.1 观看微视频作品——《腾讯微博》

本节视频收录在本书配套光盘文件6-1文件夹中，同时上传至网络优酷视频。[2]（图6-1）

图6-1 刘瑞制作

6.1.2 实例6-1：《腾讯微博》制作

（1）点击项目窗口新建合成图标[图标]，从预设中选择HDV/HDTV 720P，时长为20秒。（图6-2）

①以下简称AE。
②视频网址 http://v.youku.com/v_show/id_XNjk5MDIwMDg4.html

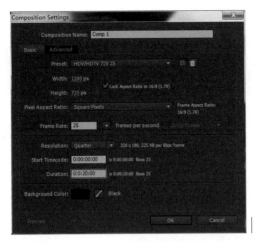

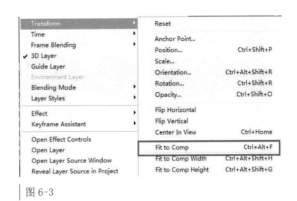

图 6-3

图 6-2

（2）将背景拖入合成中，鼠标右键进入 Transform 选项下选择 Fit to Comp 缩放至合成大小，或者使用快捷键 Ctrl+Alt+F。（图 6-3）

（3）将透明素材图片鼠标、地址栏分别拖入合成中，发现鼠标太大，选择鼠标层，按 S 打开 Scale 缩放属性，将参数设置为 60%，如图 6-4 所示。

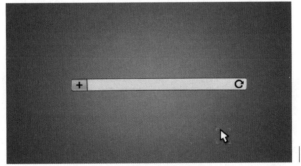

图 6-4

（4）为了模拟鼠标点击地址栏输入文字的动画效果，首先我们对鼠标进行位置上的动画调节。选择鼠标层，P 键打开 Position 位置属性，在第一帧位置点击码表打上关键帧，在第 23 帧位置，将鼠标拖至地址栏上，将自动打上关键帧。（图 6-5）

图 6-6

（5）接下来将通过鼠标的瞬间缩放效果模拟鼠标点击的动作，按 S 打开 Scale 缩放属性，在 24 帧点击码表激活关键帧，快捷键 PageDown 进入下一帧，将 Scale 参数设置为 50%，进入 27 帧，将参数设置为 60%。（图 6-6）

图 6-6

（6）为了配合鼠标缩放效果，选中地址栏层，在 24 帧位置激活 Scale 关键帧，在 25 帧位置设置参数为 105%，下一帧 26 帧设置参数为 100%。

（7）完成了鼠标点击地址栏动作，接下来我们将在地址栏中输入网址。选中文字工具，输入 http://t.qq.com，将其移动至如图 6-7 所示的位置。

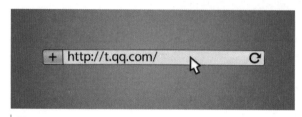

图 6-7

8、接下来为文字加入一个 Typewriter 打字机效果，在特效面板中输入 type 即可找到，将时间指示器拖到 29 帧出，双击 Typewriter 特效，即可加载。拖动时间线，可以看到文字依次出现。（图 6-8、图 6-9、图 6-10）

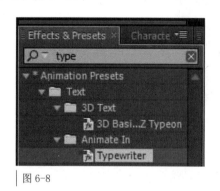

图 6-8

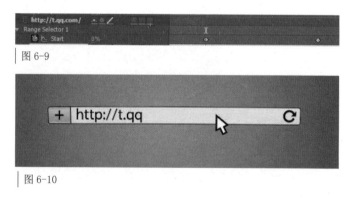

图 6-9

图 6-10

（9）同时选中地址栏和文字层，快捷键 Ctrl+Shift+C 对其进行预合成。（图 6-11）

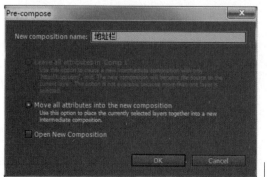

图 6-11

（10）在 67 帧处给地址栏和鼠标的 Position 属性打上关键帧，在 80 帧位置，将地址栏上移至如图 6-12 所示位置，将鼠标移至画面外。

图 6-12

（11）完成地址栏的一系列操作后，接下我们进行文字的发布过程。将素材文件"外框""广播"拖入合成窗口，激活三维开关，如图 6-13 所示。

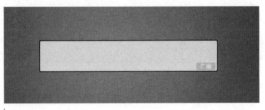

图 6-13

（12）为了让图标"广播"随外框移动，我们将"广播"的父级设置为"外框"，拖动"广播"层的绳索将其连接至"外框"层。（图 6-14）

图 6-14

（13）在 101 帧处激活"外框"的 Position 关键帧，返回 83 帧，将按住 Ctrl 水平移动至画面外。拖动时间指示器进行观察，可以发现"广播"层也随之移动。（图 6-15）

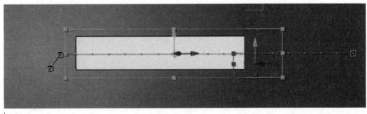

图 6-15

（14）当外框移动至画面中心时，按照上面的方法，在 125 帧处制作鼠标点击效果。接下来制作"外框"的反馈动画，在 125 帧处给 Position 打上关键帧，在 131 帧出，将 Position 属性的 Z 轴数值设置为 -772，在 136 帧处设置 Z 轴数值为 -750，在 137 帧出设置 Z 轴数值为 -762。拖动时间指示器观察"外框"，发现"外框"瞬间放大，然后细微缩小。（图 6-16）

图 6-16

（15）接下来我们在地址栏中输入文字，依旧使用 Typewriter 预设，为文字添加动画效果。（图 6-17）

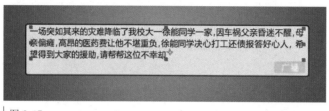

图 6-17

（16）当文字动画结束后，我们将完成鼠标点击"广播"按钮的操作，依旧给"广播"层制作 Scale 属性上的缩放动画。（图 6-18）

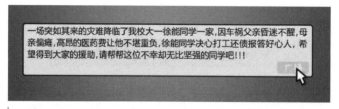

图 6-18

（17）完成以上操作后，我们对动画进行输出，快捷键 Ctrl+M 打开渲染输出面板。点击 Lossless，进入输出模式选项面板（图 6-19），选择 QuickTime 格式输出（图 6-20），如果视频有音频，一定要勾选 Audio Output 才可以渲染出声音，点击 OK 返回，Output To 指定渲染目录，点击 Render 进行视频渲染。（图 6-21）

图 6-19

图 6-20

图 6-21

6.2 文字特效制作

6.2.1 文字动画预设的使用

（1）新建名为"预设"的合成，尺寸 1280×720，25 帧速每秒，合成长度 20 秒。（图 6-22）

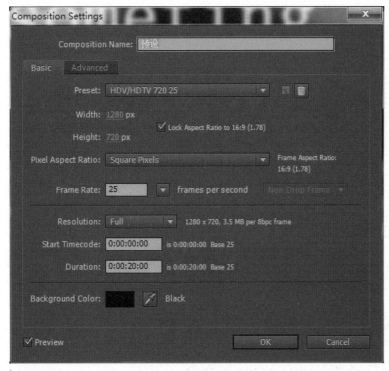

图 6-22

（2）然后在合成窗口空白处单击鼠标右键，进行新建固态层操作，这里新建一个黑色的固态层，固态层默认为合成大小。

（3）在 After Effects 中使用文字工具随意输入文字 someting，接下来通过预设为文字添加动画效果。（图 6-23）

图 6-23

（4）在上一节中我们介绍过 Typewriter 预设的使用，这里我们介绍一个更加直观的新方法。AE 内置了大量的文字动画预设，我们可以通过点击 Animation 下的 Browse Presets 查看预设，此时软件启动 Adobe Bridge 以便我们查看预设，进入 Text >3D Text 文件夹，可以直接观察文字动画的预览方式。（图 6-24）

Adobe Bridge 是 Adobe Creative Suite 的控制中心。可以使用它来组织、浏览和寻找所需资源，用于创建供印刷、网站和移动设备使用的内容。Adobe Bridge 可以方便地访问本地 PSD，AI，INDD 和 Adobe PDF 文件以及其他 Adobe 和非 Adobe 应用程序文件，也可以将资源按照需要拖移到版面中进行预览，甚至向其中添加元数据。Bridge 既可以独立使用，也可以从 Adobe Photoshop, Adobe Illustrator, Adobe InDesign 和 Adobe GoLive 中使用。在 Bridge 中可以查看、搜索、排序、管理和处理图像文件，还可以使用 Bridge 来创建新文件夹，对文件进行重命名、移动和删除操作，编辑元数据，旋转图像与运行批处理命令，以及查看有关从数码相机导入的文件和数据的信息。（图 6-25）

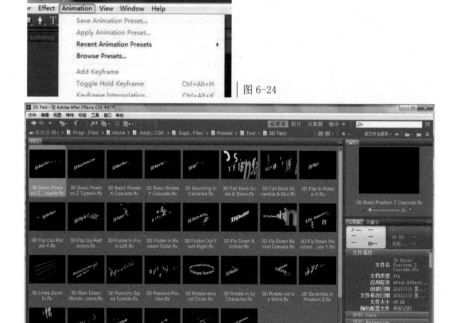

图 6-24

图 6-25

（5）点击第一个运动方式，可以在预览窗口中看到双击该特效，After Effects 将默认把该动画加载给文字上，回到 After Effects 预览观察效果，可以看到文字依次从上而下渐隐出现。（图 6-26、图 6-27）

图 6-26　　　　　　　　　　　　　　　　　　　　　图 6-27

（6）选中文字层 U 键打开文字关键帧属性，更改关键帧的位置可调节文字出现的快慢。点击 Range Selector 1 旁边的三角符号，可以发现有更多的参数供我们调节，大家可以一一去尝试修改。（图 6-28）

图 6-28

6.2.2 简单立体文字制作

我们将通过三种方式来制作立体文字。

（1）使用 Bevel Alpha 制作立体文字

①新建名为 "Text" 的合成，尺寸 1280×7200，24 帧速每秒，合成长度 3 秒。

②使用文字工具，输入 TEXT HERE，使用 Arial 字体。将素材文件 "metal.jpg" 放入时间线置于文字层下方。

将文字层的轨道蒙版改为"Alpha Matte"，让将要制作的立体文字更有质感，如图 6-29 所示。对"纹理 1"加入 Curves（曲线）特效，提高亮度。

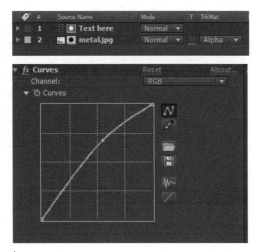

图 6-29

③同时选中文字层和材质层，对图层进行预合成（Ctrl+Shift+C）操作，命名为 "文字"。对该合成加入 Bevel Alhpa 特效，如图 6-30 所示，使文字更具立体感。

图 6-30

④ Ctrl+D 复制文字层得到文字层 2，删除原有的 Bevel Alpha ，加入 Fill 特效，填充黑色，可以看到文字边缘有一层亮光，以此来模拟光泽。（图 6-31）

图 6-31

加入 Bevel Alpha，通过 Light Angle 调整光源方向，Light Intensity 调整光源强度。将该文字层的图层混合模式更改为 Add，观察效果。（图 6-32）

图 6-32

⑤新建固态层 BG 作为背景，置于图层最底层，加入 Ramp 特效，制作径向渐变背景。（图 6-33）

⑥为文字层加入 Drop Shadow 特效，为文字加入阴影效果。（图 6-34）

图 6-33

图 6-34

（2）使用 Shatter 制作立体文字

①新建一个 Text 合成，将前面制作的文字层以及背景层直接拖入。

②新建黑色固态层，加入 Shatter 特效。（图 6-35）

图 6-35

③将 Pattern 形状类型更改为 Custom 自定义，Custom Shatter Map 设置为文字层，Extrusion Depth 设置为 1.2，将 Force1 下的 Depth，Radius，Strength 分别设置为 0。（图 6-36）

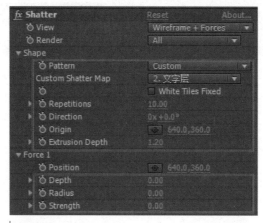

图 6-36

④将 View 模式从 Wireframe+Forces 更改为 Rendered，打开透明网格开关，观察文字。（图 6-37）

图 6-37

⑤进入 Textures 面板，将 Front Layer 和 Back Layer 设置为文字层，之后我们将单独为 Side Layer 设置贴图。（图 6-38）

图 6-38

⑥进入 Camera 面板，更改 X、Y 轴的旋转数值，可以观察文字的制作情况。（图 6-39）

图 6-39

⑦在这里为了方便随时查看效果，我们可以将 Camera System 更改为 Comp Camera。新建一个 50mm 相机，使用摄像机工具 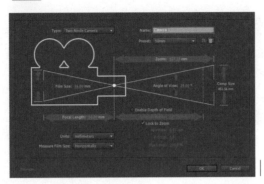，可以自由地观察文字。（图 6-40）

图 6-40

⑧接下来制作文字的侧面贴图，新建黑色固态层，加入 Fractal Noise 分形噪波特效，对该层进行预合成，命名为侧面。将 Fractal Type 设置为 Turbulent Smooth，Contrast 参数设置为 600，Brightness 参数设置为 –75，Scale 参数设置为 41，得到如图 6-41 所示的效果。

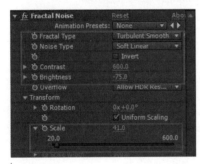

图 6-41

⑨ Alt+ 鼠标左键打开 Evolution 的表达式面板，输入 time*200，这样图形将无限循环运动。（图 6-42）

图 6-42

⑩回到 Shatter 层，打开 Shatter 特效，将 Side Mode 设置为侧面，文字的侧面将展现分形噪波效果。（图 6-43）

图 6-43

⑪接下来为文字打上灯光，软件默认采用自带灯光，为方便调节，我们将新建一个灯光，将 Light Type 的选项更改为 First Comp Light。（图 6-44）

图 6-44

（3）使用 Dojo Extruder 脚本制作立体文字

Dojo Extruder 是一款制作立体文字的脚本，本脚本是通过复制文字进行 Z 轴的变换来实现立体效果的。

首先我们进行脚本的安装，将 Dojo Extruder v1.0 文件直接拖入 AE 的脚本目录 X:\Program Files\Adobe\Adobe After Effects CSX\Support Files\Scripts\ScriptUI Panels，打开软件，在 Windows 面板下即可找到，点击加载。

其参数设置如下（图 6-45）：

Set#of extrusion copies：文字挤出厚度，即复制多少层的文字；

Enable shy hide：图层可见开关；

Enable motion blur for layers: 图层运动模糊开关。

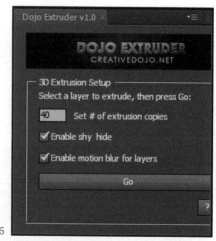

图 6-45

①使用文字工具输入文字 TEXT HERE，将 Set#of extrusion copies 参数改为 20，点击脚本 Go，可以发现文字具有厚度。（图 6-46）

图 6-46

②点击图层显示按钮，可以发现软件自动复制了额外的 20 份文字层。（图 6-47）

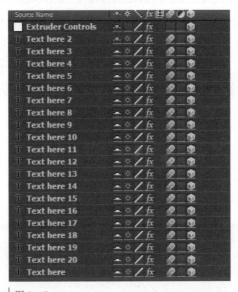

图 6-47

③选中 Extruder Controls，打开特效面板，有 6 种参数供我们进行调节。（图 6-48）

Extrusion Depth：挤压深度，控制文字深度；

Bevel Amount: 倒角数值；

Lighting Amount：灯光数值；

Lighting Falloff：灯光衰减；

Light Direction：灯光角度；

Enable Soften Blur：模糊开关，使文字变得柔和。

　　以上便是立体文字的几种简单制作方法，文字动画的更多高级运用我们会在后面的综合实例中再进行介绍。

图 6-48

6.3 制作精彩片头

6.3.1 观看微视频作品——《滚动的地球》

本节视频收录在本书配套光盘文件 6-3 文件夹中，同时上传至网络优酷视频。[①]（图 6-49）

图 6-49 刘瑞 制作

6.3.2 实例 6-3：《滚动的地球》制作

（1）新建一个 1280×720 的合成，时长为 15 秒，命名为"main"。

（2）将素材文件"草地"拖入合成，对其进行预合成命名为"earth"。进入新合成，Ctrl+K 打开合成设置，取消高宽比限制，将高宽改为 2500 像素。（图 6-50）

图 6-50

（3）回到主合成，为"earth"添加 CC Sphere，可以发现草地变形成一个球体，此特效经常用来制作地球。（图 6-51）

（4）将 Radius 半径参数设置为 900，将 Ambient 环境光参数设置为 36（图 6-52），提高球体整体亮度，拖动球体中心点至如图 6-53 所示的位置。（图 6-54）

图 6-51

①视频网址 http://v.youku.com/v_show/id_XNjk5NjU4MDY4.html

图 6-52

图 6-53

图 6-54

（5）将"地面"拖入合成窗口，同样对其进行预合成，命名为"earth-road"（图 6-55）。添加 CC Sphere 特效，展开 Rotation，将 Rotation Z 参数设置为 90°（图 6-56），然后将地面拖动至如图 6-57 所示的位置。

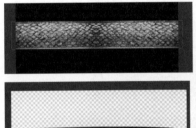

图 6-55

图 6-56

图 6-57

（6）新建一个空物体，命名为"中心"，打开其 3D 开关，将其移动至地球的中心点位置，我们将以空物体的旋转带动地球以及路面的旋转。（图 6-58）

图 6-58

（7）选择"Earth"层，展开 CC Sphere 下的 Rotation X，按住 Alt 点击码表，打开其表达式，拖动绳索使其链接至空物体"中心"的 X Rotation 上（图 6-59）。打开表达式在末尾添加 *-1，即 thisComp.layer(" 中心 ").transform.xRotation*-1。（图 6-60）

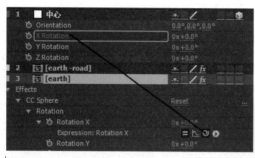

图 6-59　　　　　　　　　　　图 6-60

（8）同理，对"earth-road"也执行上述操作。选择图层"中心" 为 X Rotation 设置关键帧，在第 0 秒位置设置为 0°，第 8 秒设置为 300°，预览可以发现球体以及路面跟随这空物体运动。

（9）新建合成 p1，像素设置为 500×500。新建固态层，设置合成大小，添加 Fill 特效，随意更换颜色，如图 6-61 所示。

图 6-61

（10）回到主合成，将"p1"拖入合成窗口，打开其 3D 开关，将 Scale 参数设置为 45%，方便观察。将时间指示器拖动至 1 秒位置，改变色块位置，并将其中心点更改至底部，如图 6-62 所示。接下来，将图层"p1"链接至图层"中心"，图层"p1"将跟随"中心"运动。（图 6-63）

图 6-62

图 6-63

（11）按照上述操作，依次每隔一秒，为其添加色块，并且将其父级设置为图层"中心"。（图 6-64）

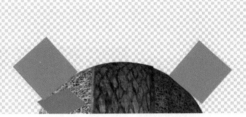

图 6-64

（12）进入 p1 合成，关闭色块可视开关，将建筑拖入其中，缩放至合适大小。依次将建筑素材拖入其他合成中。（图 6-65）

图 6-65

（13）返回主合成，拖动时间线可以发现建筑随地球运动，但是后面的建筑会重叠，我们将通过轨道蒙版来解决此问题。Ctrl+D 复制图层"earth"，并将其命名为"matte"，拖放至图层"p1"上方，将"p1"的轨道蒙版设置为 Alpha 反转蒙版。（图 6-66）

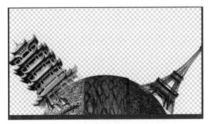

图 6-66

（14）依次对其他建筑执行上述操作，并且为主合成添加背景，如图 6-67 所示。

图 6-67

（15）新建一个 1280×720 的合成，命名为"Logo"，将素材文件"木头标示"拖放至合成窗口，输入文字 Travelling ，为其添加 Ramp 特效（图 6-68），得到如图 6-69 所示的效果。回到主合成，将合成"Logo"拖入其中，同样按照建筑绑定的方法，为其绑定至空物体"中心"上，并为其设置轨道蒙版，最终得到如图 6-70 所示的效果。

图 6-68

图 6-69

图 6-70

（16）新建黑色固态层，命名为"lens"，添加 Optical Flares 特效，点击 Options 打开完整面板，在预设中选择如图 6-71 所示的灯光，在 Editor 面板中，将 Texture Image 设置为 Dirty（图 6-72），得到如图 6-73 所示的灯光。

图 6-71

图 6-72

图 6-73

（17）完成灯光设置后，退出灯光设置界面，将图层"lens"的混合模式更改为 Screen。继续为合成添加动态粒子素材"particles_11.mp4"，并且添加 Levels 特效，拖动左边滑块，使其画面变暗，同样将其图层"lens"的混合模式更改为 Screen，可以发现整个场景更加丰富动感。（图 6-74）

图 6-74

（18）最后我们给整个画面进行调色，新建调节层，为其添加 Curves，稍稍压低曲线，降低整个画面亮度，继续添加 Mojo，使色彩更加浓郁，添加 MirFire Vignette 为画面添加暗角。（图 6-75）

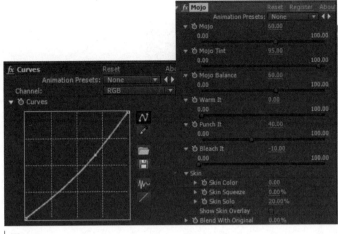

图 6-75

6.4 视频调色

6.4.1 观看微视频作品——《一般小爱情》

本节视频收录在本书配套光盘文件 6-4 文件夹中，同时上传至网络优酷视频。[1]（图 6-76）

图 6-76 邓双、刘瑞制作

6.4.2 实例 6-4：《一般小爱情》影调设计

（1）用"Curves"曲线将画面调节成回忆色调效果

①打开 AE，点击 File – Import – File 导入素材文件。（图 6-77）

①视频网址 http://v.youku.com/v_show/id_XNjk5MDYwODEy.html

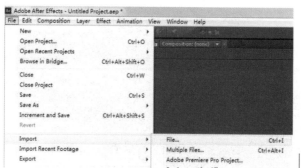

图 6-77

②选择 video1，单击打开。（图 6-78）

图 6-78

③打开后可在工程面板看见刚才所导入的视频素材。拖拽 video1 至如图 6-79 所示的合成按钮上，这样是以当前视频素材大小新建合成。如图 6-80 所示可以看到新建的合成。

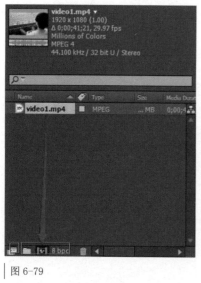

图 6-79

图 6-80

④在特效面板中，输入 "Curves"（曲线）效果，或者在 Color Correction 下拉选项栏里面找到这个效果。（图 6-81）

图 6-81

⑤鼠标左键按住拖拽"Curves"至如图所示的视频素材上。（图 6-82）

图 6-82

⑥可以看见，在特效控制栏（F3）里面，我们已经添加完成刚才的"Curves"效果。（图 6-83）

图 6-83

⑦我们在时间线面板里面，跳到任意一个时间点，选择一个合适的镜头画面作为调色的预览镜头。（图 6-84）

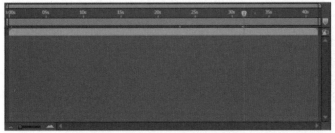

图 6-84

⑧如图 6-85 所示，现在是没有启用"Curves"效果的原画面。

图 6-85

⑨现在我们来将原视频调节成回忆色调的画面。调节"RGB"，用以调整亮度对比度；稍微拉高"RED"红色通道的曲线，用以增加画面的暖色；然后调节"GREEN"绿色通道曲线，画面有了暖黄色调效果；最后拉低"BLUE"蓝色通道曲线，减少画面的冷色（图 6-86）。最终得到如图 6-87 所示的回忆色调画面效果。

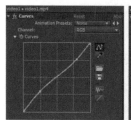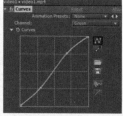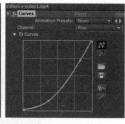

图 6-86

图 6-87

⑩如果觉得当前调节完毕的效果不错，可以如图 6-88 所示点击保存为"Curves"曲线预设，这样以后如果还需要这种效果，就可以一键调用。

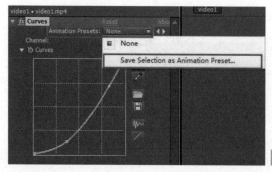

图 6-88

（2）用第三方插件"Mojo"将画面调节成电影色调

①在网上下载 Magic Bullet Mojo 插件，安装在 Support Files 文件夹下的 Plug–ins 文件夹中，破解之后就可以使用了。

②双击如图 6–89 所示的空白处，导入视频素材 video3。点击打开，导入完成。（图 6–90）

图 6-89

图 6-90

③用同样的方法，以原视频素材大小新建合成（图 6–91）。可以在预览窗口中看到我们刚刚导入的视频素材。（图 6–92）

图 6-91

图 6-92

④以同样的方式，我们在时间线面板里面，跳到任意一个时间点，选择一个合适的镜头画面作为调色的预览镜头。（图 6–93）

图 6-93

⑤在特效面板中找到"Mojo"效果。以同样的方式添加到视频素材上。或者以另一种方式：右击合成面板里面的video3，依次选择"Effect"–"Magic Bullet Mojo"–"Mojo"。也可以为视频添加这个效果。（图6-94）

图6-94

⑥如图6-95所示，在特效控制栏中可以看到刚刚添加完成的"Mojo"特效和默认的数值；在预览窗口中可以看出是冷色调电影画面效果。

图6-95

⑦现在我们尝试着把画面调节成复古颓废色调。参照调节图6-96所示的前三项主要参数，然后调节第四项"Warm It"为画面增加暖色，调节第五项"Punch It"增加画面对比度，调节最后一项"Bleach It"降低画面的色彩饱和度。最后，我们可以看见如图6-97所示的最终效果了。

图6-96

图6-97

⑧跳到另一个镜头，点击fx开关，我们也可以看到原视频画面色调和添加"Mojo"效果之后的色调区别。（图6-98）

图 6-98

⑨另外，Mojo 插件自带几个效果非常棒的预设，在此就不一一赘述了。（图 6-99）

图 6-99

（3）拥有大量完美调色预设的强大第三方插件—"Looks"

①在网上下载 Magic Bullet Looks 插件，安装在 Support Files 文件夹下的 Plug-ins 文件夹中，破解之后就可以使用了。

②在特效面板中找到"Looks"效果，以刚才的方式拖拽添加给视频素材。（图 6-100）

图 6-100

③在特效控制栏中，可以看到刚刚添加完成的"Looks"效果。点击"Edit"按钮，进入"Looks"的编辑界面。（图 6-101）

图 6-101

④将鼠标移至面板最左边缘，会自动弹出"Looks"的预设面板，可以看到有许多的预设。现在我们随意点击添加一个预设"Movie Star"，可以看到得到的画面效果。（图 6-102）

图 6-102

⑤点击右下角的"Finished"按钮完成效果的添加。（图 6-103）

图 6-103

⑥回到预览窗口，可以看到原视频和添加"Looks"预设效果之后的画面区别。（图 6-104）

图 6-104

⑦另外，在特效控制面板中，我们可以通过调节一些简单的基本参数，用添加 Mask 的方式来完成对画面调色范围的控制。如图 6-105 所示，在 Mask 选项里，选择任意一个选项，这里以 Ellipse 为例。

图 6-105

⑧通过 Top，Bottom，Radius 选项，可以调节 Mask 形状。勾选 Tnvert Mask，将 Mask 反转一下。然后调节 Feather Size 和 Feather Bias，对 Mask 的羽化程度进行调整。（图 6-106）

图 6-106

⑨参数调节完毕后，可以在预览窗口看到如图 6-107 所示的效果。

图 6-107

⑩取消勾选 Draw Outline 选项，隐藏掉 Mask。得到最终的画面效果。可以看出，添加了 Mask 之后的效果相对于之前的效果，画面中心的色调稍微变淡了一些，更加接近原视频的画面色调，而四周边角的"Looks"调色效果还在。这就是我们通过 Mask 调整之后的结果。（图 6-108）

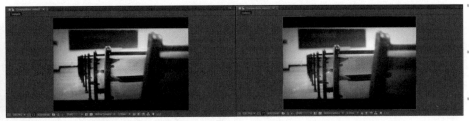

图 6-108

6.5 图表动画制作

6.5.1 观看微视频片段——《图表动画》

本节视频收录在本书配套光盘文件 6-5 文件夹中，同时上传至网络优酷视频。[1]（图 6-109）

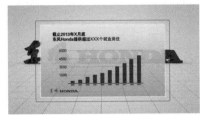

图 6-109 刘瑞制作

---

①视频网址 http://v.youku.com/v_show/id_XNjk5MDYwODEy.html

6.5.2 实例6-5：《图表动画》

（1）新建一个1080P，25帧，时长30秒的合成。
（图6-110）

图6-110

（2）新建一个灰色固态层，鼠标右键勾选Guide Layer，Guide Layer仅在制作时可见，供我们参考，输出时并不会渲染Guide Layer。（图6-111）

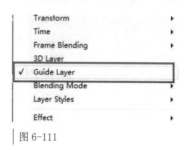

图6-111

（3）使用矩形工具 ，画一条横线作为X轴，Ctrl+D复制4份，将其透明度降低为34%，作为图标的数据参考线。（图6-112）

图6-112

（4）同时选中5条X轴线，按P打开位置属性，依次将数值改为（1001，880）（1001，755）（1001，630）（1001，510）（1001，385）。（图6-113）

图6-113

（5）使用矩形工具 创建一个柱状条，使用锚点工具 ，将该图形的中心点移动至下方居中位置。使用选择工具 可随意更改图形尺寸，并且保持位置不变，依次来做柱状图增长动画。（图6-114）

图 6-114

（6）Ctrl+D 复制柱状图 9 份，依次将图形移动至如图 6-115 所示的位置，保持其间隔距离不变，并将其大小拖动至如图 6-115 所示的位置。

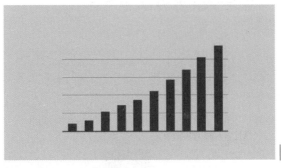

图 6-115

（7）使用文字工具 T. 为柱状图加入年份和数据。（图 6-116）

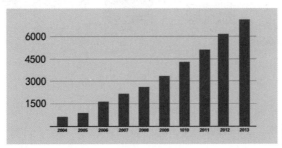

图 6-116

（8）同时选中 10 个柱状图，按 S 打开缩放属性，在 2 秒位置打上关键帧，在 1 秒位置将其大小缩放至 X 轴上，预览动画，可以发现柱状图的增长动画便做出来了。（图 6-117）

图 6-117

（9）为柱状图加入说明文字，加入 Typewriter 文字特效，并将文字移动至柱状图左上方位置。（图6-118）

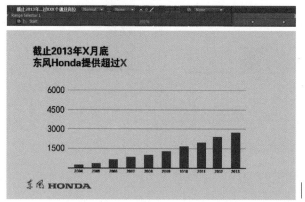

图 6-118

（10）通过以上教学大家学会了一个基本的柱状图的制作，按照上述方法做出第二个柱状图。（图6-119）

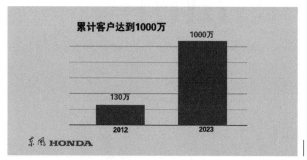

图 6-119

（11）回到第一个柱状图，全选所有图层，快捷键 Ctrl+Shift+D 对所有图层进行预合成。新建一个固态层加入 Ramp 渐变特效，采用默认的线性渐变，做一个灰色的渐变背景。（图 6-120）

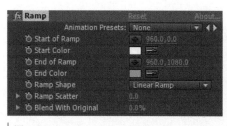

图 6-120

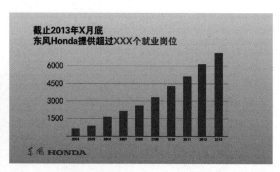

（12）再次对所有合成进行预合成，快捷键 Ctrl+K 打开合成设置，将合成尺寸更改为 2320×1480。（图6-121）

图 6-121

（13）新建一个白色固态层，选中该图层使用矩形工具 ，在柱状图边缘画一个矩形 mask 作为边框，并将图层透明度改为 50%。（图 6-122 ）

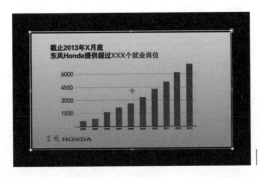

图 6-122

（14）接下来进行外框的制作，再次新建一个白色固态层，使用圆角矩形工具 ，在图形外面画一个圆角的 mask（图 6-123），按 M 打开 mask，复制 mask1，将 mask2 的 mask expansion 改为 −8 像素（图 6-124）。为该层加入 Fill 特效，填充为灰色（图 6-125），得到如图 6-126 所示的效果。

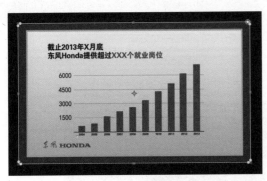

图 6-123

图 6-124

图 6-125

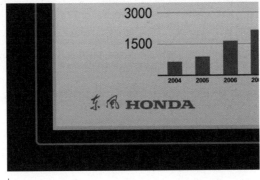

图 6-126

（15）新建一个合成，导入我们在三维软件中渲染的一张东风 Honda Logo 效果图作为背景。（图 6–127）

图 6-127

（16）关闭背景的可见属性。新建一个固态层，加入 Grid 网格特效，将 Size From 选项设置为 Width Slider，将 Width 设置为 206，Border 设置为 6（图 6–128），得到如图 6–129 所示的效果。

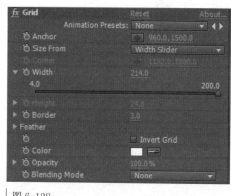

图 6-128

图 6-129

（17）打开该图层的三维开关，在 X 轴上旋转 90 度。（图 6–130）

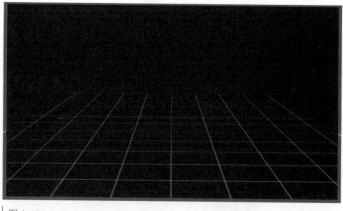

图 6-130

（18）为图层加入 Motion Tile 特效，设置 Output Width 参数为 790，Output Width 参数设置为 970，这样网格效果将得到延伸。（图 6–131）

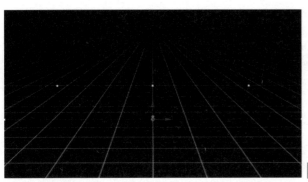

图 6-131

（19）打开背景的可见属性，得到如图 6-132 所示的效果，发现东风 HONDA 文字如同在网格上一样。

图 6-132

（20）将 2 个柱状图合成分别拖入时间线中，移动其位置至于画面中央位置。我们将对其做 X 轴的位置移动动画。选中"柱状图一"，按 P 打开其 Position 属性，在 21 帧位置激活关键帧，回到第 7 帧将该图层平移至画面右侧。（图 6-133）

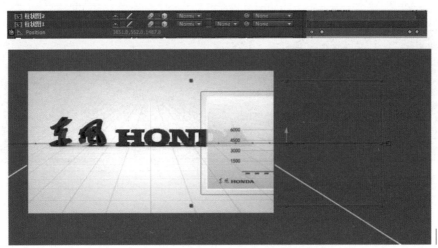

图 6-133

（21）在 141 帧处给图层"柱状图一"继续添加关键帧，在 151 帧处，将该图层平移至画面左侧，通过以上操作便完成了"柱状图一"的动画，同样按此方法，给"柱状图二"制作其位置动画。（图 6-134）

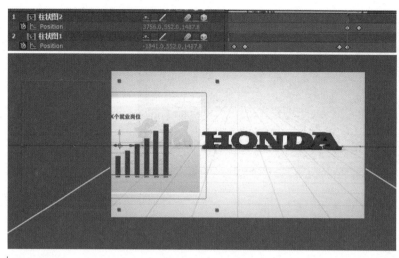

图 6-134

（22）完成整个图表动画。

6.6 综合实例——《我是歌手》小片头

6.6.1 观看微视频片头——《我是歌手》

本节视频收录在本书配套光盘文件 6-6 文件夹中，同时上传至网络优酷视频。[1]（图 6-135）

图 6-135 邓双、刘瑞制作

①视频网址 http://v.youku.com/v_show/id_XNjk5MDQxMDIO.html

6.6.2 实例 6-6:《我是歌手》小片头制作

（1）制作大背景

①打开 AE，Ctrl+N 新建一个合成 Comp 1，720P/25 帧，长度为 0:00:08:19。点击 OK 确认。（图 6-136）

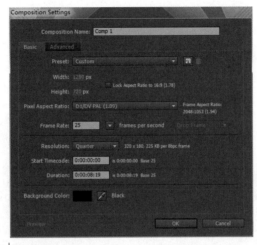

图 6-136

②在合成面板空白处鼠标右击，选择 "NEW" – "Solid" 新建一个固态层作为背景。命名为 BG。（图 6-137）

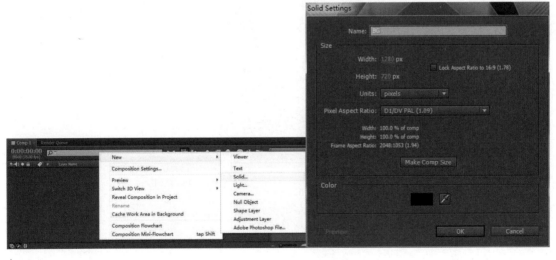

图 6-137

③在特效面板输入 "ramp"（渐变）特效，选择并拖拽添加给 BG 层。（图 6-138）

图 6-138

④在特效控制栏（F3）中，对 Ramp 进行如图 6-139 所示的参数调节，将第一个颜色参照图中参数设置为粉色，第二个颜色设置为黑色。最终得到如图 6-140 所示的效果。

图 6-139

图 6-140

⑤再次新建一个固态层，命名为 noise。（图 6-141）

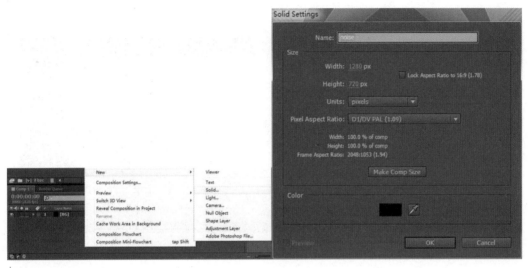

图 6-141

⑥将 noise 层的图层混合模式改为 Screen。（图 6-142）

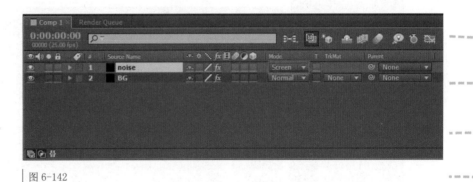

图 6-142

⑦在特效面板中输入 noise，选择"Fractal Noise"（分形噪波）特效，拖拽添加给 noise 层。（图 6-143）

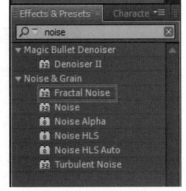

图 6-143

⑧在特效控制栏中，可以看到刚刚添加的"Fractal Noise"（分形噪波）特效。默认的效果如预览窗口所示。（图 6-144）

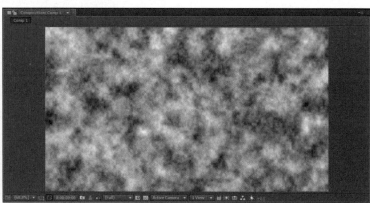

图 6-144

⑨参考图 6-145，调节参数。使分形噪波在垂直方向上成拉伸状。完成后的效果如预览窗口所示。

图 6-145

⑩搜索"curves"（曲线）特效，添加给 noise 层。（图 6-146）

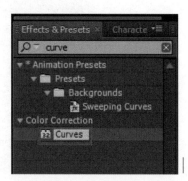

图 6-146

⑪压低 RGB 通道曲线，降低明度；拉高 Red 通道曲线，给画面增加红色；最后稍微对 Green 和 Blue 通道做如图 6-147 所示的调节。

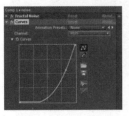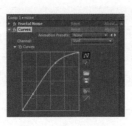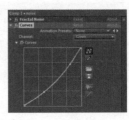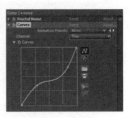

图 6-147

⑫在工具栏中选择钢笔工具，在 noise 层上勾出如图 6-148 所示的 mask 遮罩。

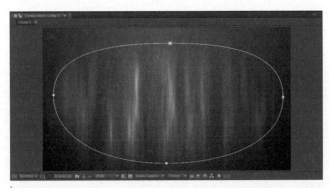

图 6-148

⑬将 Mask Feather 羽化值设置为 200，Mask Expansion 设置为 24。（图 6-149）

图 6-149

⑭按 T 键展开 noise 层的 Opacity 属性，点击前面的码表开关，在 0 秒的位置，添加一个关键帧，将参数设置为 0%。在 0:00:05:07 的位置，将数值设置为 60%。（图 6-150）

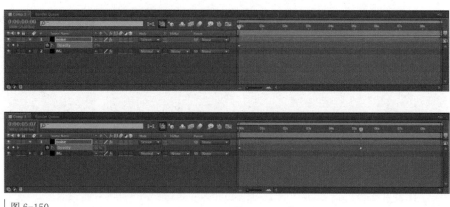

图 6-150

⑮按 F9，将这个关键帧设置为平滑关键帧，使动画的运动更加平滑。（图 6-151）

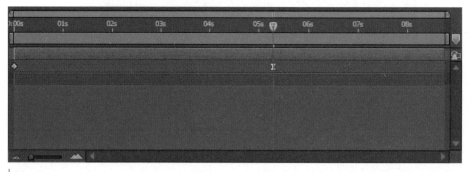

图 6-151

（2）制作背景灯光效果

①下载第三方插件"Optical Flares"，安装在 Support Files 文件夹下的 Plug-ins 文件夹中，破解之后就可以使用了。

②新建一个固态层，命名为"灯光 1"。（图 6-152）

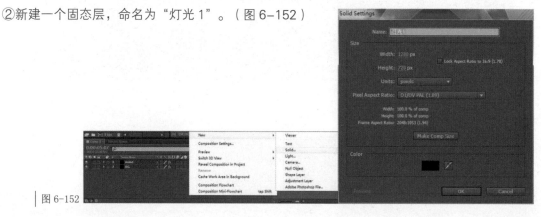

图 6-152

③将"灯光 1"层的混合模式改为 Screen。（图 6-153）

图 6-153

④在特效面板搜索并添加"Optical Flares"特效给"灯光 1"层。（图 6-154）

图 6-154

⑤在特效控制栏中，点击"Options"进入"Optical Flares"的编辑界面。（图 6-155）

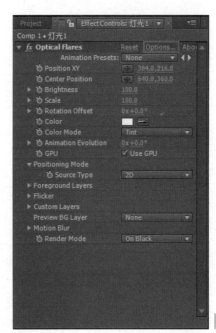

图 6-155

⑥打开"Pro Presents 2（50）"文件夹，选择"Stage Lights"光效，点击右上角的"OK"确定（图 6-156）。完成后的效果如预览窗口所示。（图 6-157）

图 6-156

图 6-157

⑦参考图 6-158 对参数进行调节，将灯光颜色设置为如图参数所示的黄色。完成后的效果如预览窗口所示。（图 6-159）

图 6-158

图 6-159

⑧接下来对"Optical Flares"的 Position XY 属性进行关键帧的设置。首先在 0 秒的时候，将参数设置为 –800、–290；然后在 0:00:04:10 的位置将参数设置为 470、1940；最后在合成末尾的位置将参数设置为 –660、1940（图 6-160）。得到的效果如预览窗口所示。（图 6-161）

⑨新建一个固态层，命名为灯光 2。（图 6-162）

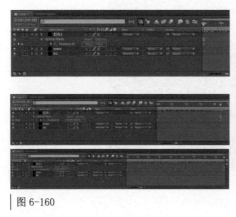

图 6-160

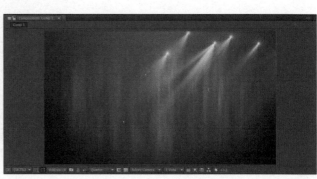

图 6-161

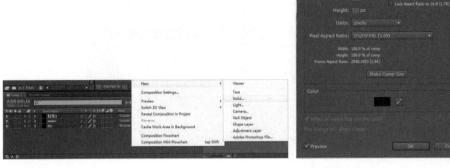

图 6-162

⑩在特效控制栏中点击"Options"进入编辑界面。（图 6-163）

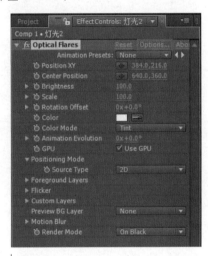

图 6-163

⑪点击"Network Presents（52）"文件夹，选择"starburst_stage_light"，点击右上角的"OK"确定（图 6-164）。得到的效果如预览窗口所示。（图 6-165）

图 6-164

图 6-165

⑫参考图 6-166 对 Optical Flares 的重要参数进行调节，使该光效处于画面右上角。

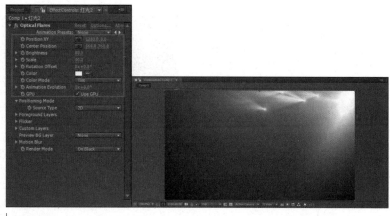

图 6-166

⑬接下来对"Optical Flares"的"Rotation Offset"参数设置关键帧。首先，在 0 秒的位置，将参数设置为 0x+0.0°；然后，在合成结尾处，将参数设置为 0x+140°。这样就赋予了该光效一个旋转的效果。（图 6-167）

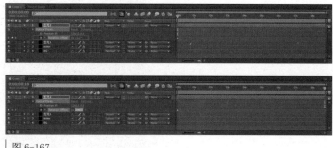

图 6-167

（3）动画主体

①点击 File–Import–File 或者按 Ctrl+I 导入动画文件。选择我们之前在 C4D 软件中制作完成的主体动画，点击打开。（图 6-168）

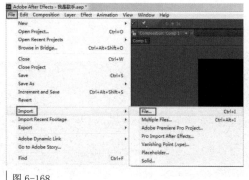

图 6-168

②由于我们在 C4D 中输出的是带有 Alpha 通道的 MOV 格式文件，所以会弹出如图 6-169 所示的对话框，勾选"Straight – Unmatted"，点击"OK"确定即可。

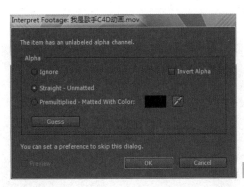

图 6-169

③将刚刚导入的动画文件添加到合成面板，放在最上方。跳到动画层最后一帧的位置，我们发现整个动画只有短短的 3 秒钟，而我们需要做一个 8 秒多的合成动画，那么怎么办呢？这个我们马上在后面会讲到。另外，动画结束时，在整个画面中显得太大了，所以现在，我们来对主体动画的大小属性设置关键帧，使动画在结束时的大小变小一点，从而和背景更好地融合在一起。（图 6-170）

图 6-170

④按 S 键打开"我是歌手 C4D 动画"层的 Scale 大小属性。在 0:00:01:00 的位置，将参数设置为 110，100；然后在 0:00:03:00 的位置，将参数设置为 80，75。按 F9 将第二个关键帧设置为平滑关键帧，使大小属性的变化更加平滑。（图 6-171）

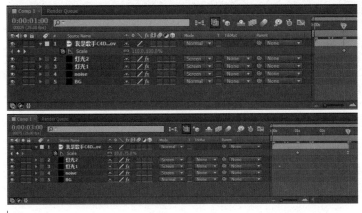

图 6-171

⑤调整好的效果如图 6-172 所示。在动画结束的位置，整个主体在背景中的大小刚好合适。

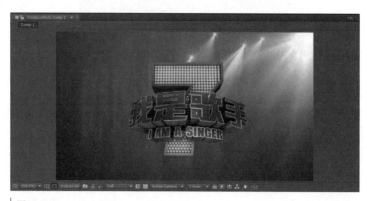

图 6-172

⑥接下来再给动画主体添加一个"Curves"曲线特效，以对动画主体的色调进行简单的调节。在特效控制栏，参照图 6-173 所示的各通道曲线进行调节，我们最终得到了一个更有层次感，对比度更强，更加显眼的"我是歌手"的动画主体。（图 6-174）

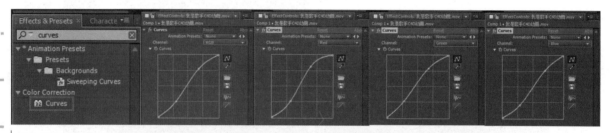

图 6-173

图 6-174

⑦之前我们说到，整个动画持续时间不够，只有短短 3 秒钟，而我们需要做完整的 8 秒多的动画的这个问题。现在我们来开始解决这个问题。首先 Ctrl+D 将"我是歌手 C4D 动画"层复制一层，然后点击菜单栏的"Layer"－"Time"－"Enable Time Remapping"，接下来几步我们来将这一层变成静止的一个层，使之一直持续到结束。将"我是歌手 C4D 动画"层移至如图 6-175 所示的地方并拉伸延长，紧贴下面一个"我是歌手 C4D 动画"层。

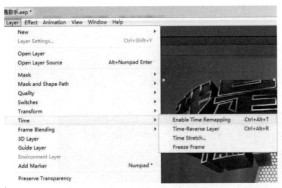

图 6-175

⑧将第一个"我是歌手 C4D 动画"层的 Scale 大小属性的参数设置为 80，75。（图 6-176）

图 6-176

⑨接下来为 Time Remapping 设置关键帧。在之前我们已经点击了"Enable Time Remapping"，会自动添加两个关键帧，此时我们只需把关键帧的参数改为 0:00:03:00 就可以了，第二个关键帧也会相应地自动变为 0:00:03:00。（图 6-177）

图 6-177

（4）动画主体的点缀光效的制作

①新建一个固态层，命名为"扫光"，将混合模式改为"ADD"。（图 6-178）

图 6-178a

图 6-178b

②和之前的操作一样，给这个层添加一个"Optical Flares"特效，点击"Options"进入编辑界面。（图 6-179）

图 6-179

③点击"Network Presents（52）"文件夹，选择"chrome spark"，点击右上角的"OK"确定添加。（图 6-180）

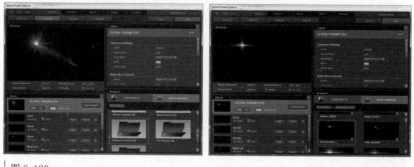

图 6-180

④接下来我们来对"Optical Flares"的"Position XY"和"Brightness"参数进行设置。首先设置"Position XY"的参数：在 0:00:03:17 的地方打上关键帧，将参数设置为 404，158；在 0:00:04:19 的地方将参数设

置为 904，158。这样光效就有了一个从左至右的扫光效果。然后设置"Brightness"的参数：在 0:00:03:13 的地方打上关键帧，将参数设置为 0；在 0:00:04:07 的地方将参数设置为 180，然后在 0:00:05:00 的地方，将参数设置为 0。这样光效就有了一个暗—明—暗的变化效果。（图 6-181）

图 6-181

⑤接下来我们来给扫光层添加一个 Mask 遮罩，将扫光效果控制在我们想要的画面范围内。选择钢笔工具，在图中勾出如图 6-182 所示的一个 Mask，将 Mask Feather 羽化值参数设置为 65，65。（图 6-183）

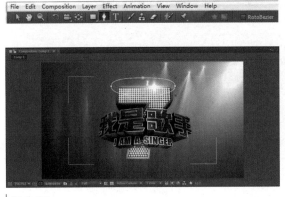

图 6-182

图 6-183

⑥接下来为"我是歌手"添加闪光效果。新建一个固态层，命名为"闪光"。将混合模式改为"ADD"。（图 6-184）

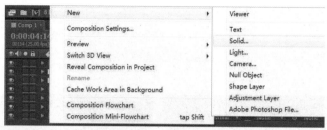

图 6-184

⑦按"Alt+["和"Alt+]",在如图 6-185 所示的时间点为"闪光"层设置入点和出点。

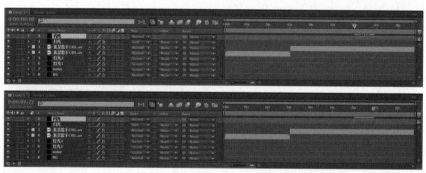

图 6-185

⑧为"闪光"层添加"Optical Flares"特效,在特效控制栏点击"Options"进入编辑界面。(图 6-186)

图 6-186

⑨点击"Network Presents（52）"文件夹，选择"dramatic_skies"。然后对这个光效稍作改动，在左边的"stack"面板里面删除不必要的细节效果，只保留"Spike Ball"和"Glow"。点击右上角的"OK"确定添加。（图 6-187）

图 6-187

⑩将 scale 参数设置为 60，将颜色设置为如图 6-188 所示的绿色。

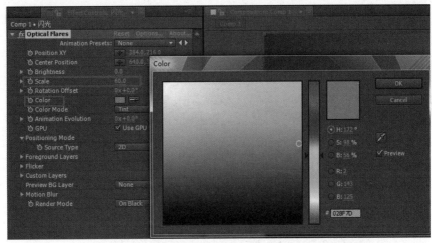

图 6-188

⑪接下来为"Brightness"亮度参数设置关键帧动画。首先在 0:00:06:00 的位置，将参数设置为 0；然后在 0:00:06:10 的位置将参数设置为 60；最后再在 0:00:06:20 的位置将参数设置回 0。这样，我们就拥有了一个暗—明—暗的闪光效果。（图 6-189）

图 6-189

⑫回到特效控制栏，点击"Position XY"的锚点，设置闪光的位置。我们将锚点随意放到"我是歌手"的一个角点。这样我们就拥有了一个漂亮的角点闪光的效果。（图 6-190）

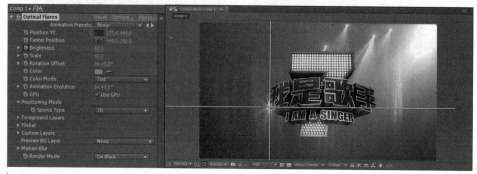

图 6-190

⑬接下来我们来为"我是歌手"多添加几个闪光效果。Ctrl+D 将"闪光"层复制 6 层，并依次往后拉几帧，如图 6-191 所示。（这里将所有 7 个闪光组分别设置不同的 Position XY 属性，使"我是歌手"不同角点都有闪光效果）

图 6-191

⑭为了使图层更加简洁直观，我们按 Ctrl+Shift+C，把这 7 个"闪光"层合并为一个新的合成，命名为"闪光组"。（图 6-192）

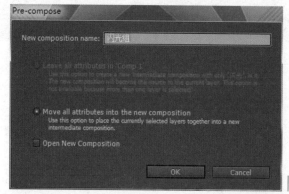

图 6-192

⑮将"闪光组"合成的混合模式设置为"ADD"。（图 6-193）

图 6-193

⑯如图 6-194 所示为制作完成的最终效果。

图 6-194

⑰导入一首音乐，为我们做好的这个精彩片头添加音乐。点击打开导入后，放在合成面板的最下层。（图 6-195）

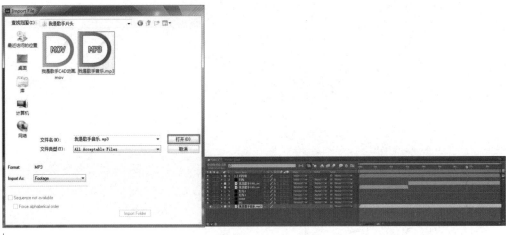

图 6-195

⑱ Ctrl+M 将我们做好的"我是歌手"片头渲染输出成片。点击方框中的"Lossless"进入渲染选项。勾选"Audio Output"，使输出的片头带有音乐，点击"OK"确定。（图 6-196）

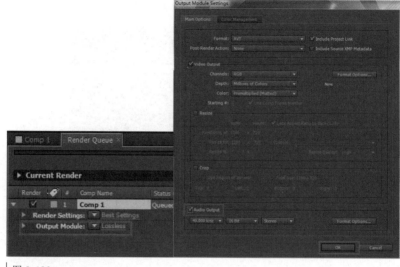

图 6-196

⑳最后设置输出的文件夹，并为成片命名，点击右边的"Render"渲染，稍等片刻即可输出完成。（图6-197）

图 6-197

第7章　网络微视频创作实务

7.1 微电影创作实务——《Yestoday 博物馆》创作文案①

7.1.1 创意策划

2009 年微电影刚在校园流行起来，而我们的团队平时主要负责校园新闻采编，校园节目制作这样一些比较硬的东西，大家对微电影这个题材一直跃跃欲试。本来时间有限，我们的主创人员其实只有两个，一个是负责编剧与分镜头剧本的创作，一个负责拍摄与后期制作。到后来越来越多的朋友帮忙，去洽谈拍摄场地的外联及拍摄时的场记、录音、灯光，后期制作时的字幕翻译都有专人负责，当你看着一个团队拿着拍摄机器、收音器、反光板，听着场记打板的那一瞬间，"action"代表一切。（图 7-1）

图 7-1 博物馆

因为不是商业运作，在没有经费和经验不足的情况下，我们最能实现挑战的，就是剧本的策划。镜头和特效可以是简单的，但故事一定要有情绪。校园是我们的主战场，爱情是亘古不变的主旋律，如果只是蒙太奇式的出现图书馆、操场跑道、林荫小路，一部 MV 就可以了，拍成微电影只会落入那 90% 的俗套。微电影时间不长，却也是情怀与态度的表达，酝酿了半年的剧本，我想到了"博物馆"这个东西。在欧洲有很成熟的电影博物馆，内地也有一些 80 后时代印记的主题博物馆，那虚像一点的梦想寄存博物馆是不是也可以存在呢？我们这一代人从参加兴趣班到专业选择，一路都在与喜欢什么、干什么做着选择与较量，人人内心都有一个珍藏过去、充满情怀的"博物馆"表现一个梦想者"彷徨、妥协、选择、坚持"的过程，就是我们拍这部微电影的初衷。

---

① 《Yestoday 博物馆》创作文案由胡月撰写。

因此，我们把一个标有"校园""爱情"关键词的故事放入了博物馆这个有趣的设定里去赢得一些亮点。而这个有趣，从片名开始，我们就在做考量。

片名"Yestoday 博物馆"，我做了一个暗含态度的双关。博物馆是一个收藏过去梦想的地方，本应叫做 yesterday，但是电影的立意是告诉观众，每个人可能有十件喜欢做的事情，五件变成爱好，若有一件能坚持下来，便是梦想成真，生活常逼我们放弃，更需要我们争取。妥协的珍贵之处不在于我们放弃了什么，更在于我们坚持了什么，today 我们在干什么是最重要的，因此，我将 yesterday 稍作变形，改成了 yes today。

这个博物馆做一个怎样的设定能够推进故事的发展呢？我们的生活体验是：一时兴起参加一个兴趣班学习一项技能是容易的，可能因为一个懒觉一门考试或是心情不好了就放弃了喜好，但是你要重新拾起你曾经执念过的梦想，这个连续起来的过程比重新开始还要漫长和艰难。同样，这个收藏过去梦想的博物馆可以免费寄存你曾经喜欢的事物，但是当你决定要拿回你的东西时，就要付出相对应的双倍价格。

剧情梗概就是：yestoday 博物馆是个收藏过去的地方，每个人可以免费寄存过去的东西，但是再来取时得付出双倍的价格。来薇薇发现了这里，因为减肥、考研、异地工作先后寄存了美食优惠券、明星唱片、恋情、相机这四样她一直很喜欢的东西。在迷茫不知该坚持什么时，她在和馆长的对话中，取回了对自己最重要的东西。

7.1.2 人物设定

首先，主人公最重要的是移情作用。这指的是，主角必须让读者产生认同感，即感觉到，这个人物和"我"相像，或者是和我身边的人很像。这样，才可以让读者将自己的感情"转移"到主角的身上，和主角一起来经历故事的发展。换句话说，就是主角必须要"真实"。因为这部剧都是请同学来演，大家都不是科班出身，所以主角"来薇薇"（图 7-2）定为学生还是最合适的。

另外，人物移情作用的刻画有一些很常用的技巧。主要是两种：第一是着力刻画人物的某种缺点；第二是强调人物的某种习惯或者嗜好。

图 7-2 来薇薇

其次，是强烈的欲望。这是主角必不可缺的一个剧情特点；因为主角的"欲望"，直接决定了故事的主线走向。

图 7-3　吃货闺蜜

　　什么样的人才能和这个寄存过去的"博物馆"不断擦出火花？喜欢过很多东西又放弃过很多东西，和我们大多数人一样，主角"来薇薇"是个患得患失的人，第一点满足了。

　　"来薇薇"的习惯和嗜好是哪些？首先，她会关注到这个不寻常的"博物馆"证明她拥有的是文艺、细腻的人物性格，同时为了方便拍摄和引起多数同学的共鸣，她的喜好便定为了寻觅巷子深处的美食、沉迷摄影创作和相机收藏、有一个疯狂热爱的明星这几项，故事的情节也顺理成章地推演为，她为减肥放弃美食、为考研放弃追星、为了忘怀和前任的恋情放弃摄影多次进入"博物馆"。

　　接着，需要补充一些次要人物让故事更丰满。

　　胖胖的吃货闺蜜：充实"来薇薇"爱美食的情节。（图 7-3）

　　帅气的男朋友：同样拥有很多梦想，最终却向现实看齐，选择了一个富家女放弃了"来薇薇"，力图一份安稳的工作。一方面是交代主角的感情线，另一方面是作为梦想拥有者的反例，从另外一个角度说明有一部分人，喜欢的人和事，选择遗忘之后，失去了继续坚持的勇气。（图 7-4）

图 7-4 帅气的男朋友

　　富家女第三者：处处和"来薇薇"竞争，让"来薇薇"的美食计划、摄影作业、感情生活一团糟的人，作为矛盾激化点，推动"来薇薇"不断去博物馆寄存东西，找寻答案。（图 7-5）

八卦闺蜜：故事矛盾的推送者，扮演"别人说"的角色。（图 7-6）

图 7-5 第三者

图 7-6 八卦闺蜜

　　馆长：在十几分钟的镜头里，让主角通过内化的方式体悟到什么是自己最想要的，哪些该坚持哪些该放弃需要特别严谨的镜头语言，不然就会很突兀。因此，我设定了馆长——"智慧的旁人"这样一个人物，不断去和主角交谈，启迪她的内心，达到剧情的升华。另外，剧中的馆长从头到尾都没有露出五官，我想的是作为一条暗线，很隐晦地表达"yestoday 博物馆"的馆长（图 7-7），存在于我们心中，她的声音，就是我们内心的声音。

图 7-7 馆长

7.1.3 场地选择

　　外景场地尚可解决，可作为亮点的"博物馆"选哪拍呢？几年前的武汉昙华林特别清冷，藏在一个菜市场的深处，只有几个特立独行的文艺青年开着小店，不像现在，还有特别为昙华林设计的武汉文艺一日游。我纯粹是个人喜好经常泡咖啡店，第一次看到"Dream City"咖啡店（剧中博物馆所在地，图 7-8）时，就被里面的陈设吸引，里面的旧瓷杯、留声机、双反相机出现在镜头里都会散发着时光气息，也很容易让人猜测这些旧物的主人曾经有过怎样的故事和梦想。在剧本的构造过程中，博物馆和这家店可以说是在我的意识里相互影响。

图 7-8 Dream City 咖啡店

但由于当时整个昙华林就是走地小众路线，店主又是一个对影片特别鸣谢或是花钱租他场地毫无兴趣的人，前 3 次我和老板谈借场地都被拒绝了，后来我干脆没事就在那买杯奶茶和老板套近乎，抱着电脑在那整下午地修改剧本，要老板提提修改意见，带着文艺气息的闺蜜在那弹了两次吉他，在豆瓣帮忙组织了一次烘焙聚会后，老板终于同意清场一天给我们拍摄，心里一块石头才算落了地。直到今天，我依然觉得这条路上的突兀的红色建筑依然是我博物馆的最佳选地，场地的颇费周折反而更加刺激我进入一个导演的角色，要做，就做好。

7.1.4 剧本

好的立意是一个良好的开端，细化成剧本"纸上谈兵"却是不可省略的一步。虽然有部分导演拍摄时不用剧本，但我们缺乏经验和专业素养，如果任凭发挥，故事的逻辑结构就很可能跑偏，演员也无法去做前期准备。况且，剧本实际上是一种贯穿创作过程始终的创作思维模式，小说和想法如何变为剧本元素，是需要二次创作的。下面是 yestoday 博物馆剧本的节选：

场景一：关于薇薇

外景·来薇薇在昙华林摄影（淡入）

【主角独白】我是来薇薇，新闻专业，喜欢拿着相机研究这个城市的街道文化。

切至：

内景·来薇薇和闺蜜看书聊天吃美食

【主角独白】和闺蜜小胖和小朵组成疯子三人组，喜欢聊八卦和捏小胖肚子，虽然我也有婴儿肥。

切至：

外景·来薇薇扫街摄影

【主角独白】有着很多梦想，爱美食、爱唱歌追 Mr.Li，爱摄影。

切至：

内景·图书馆

【主角独白】当然，还爱项伟（语速微快）。

画面淡出，黑屏，音乐起。

叠出片名：yestoday 博物馆

【画外音】（慢）直到有一天，我发现一个神秘的博物馆，记录也改变了我的生活。

场景二：发现 yestoday 博物馆

内景·奶茶店

对白：

【薇薇】诶，小胖，你看。（薇薇想叫小胖一并来看这个位置，却被小胖突然打断）

【小胖】日本料理，有团购！五折！秒杀！（小胖看着电脑，两眼发光，略显激动）

【薇薇】不吃减肥。（气若游丝地说）一边还在浏览网页。

【小胖】你为什么减肥啊？你这简直是对我们微胖界的讽刺啊。

【薇薇】你没看见小蒙腿最近比我瘦么？电影《前度》怎么演来着，我就觉得项伟看他前女友的眼神写满了四个大字——旧情复燃！

【小胖】这是吃的哪门子醋啊，人家对你那么好，怎么养了你这个白眼狼。

【薇薇】看你吃里扒外的，你不知道前任是多么危险的存在么，况且我的钱最近还得存着买王力宏演唱会门票呢，也没钱顾着吃了（薇薇说完，捏了捏自己有些发胖的脸）。

【小胖】幸亏我是个胖子啊！（语气拖长）薇薇，这个星期你想好去哪拍没？

【薇薇】你过来看。（薇薇一把拉过小胖，一起看向了电脑）

电脑显示屏上，薇薇常浏览的论坛里，出现了一个叫 yestoday 博物馆的小站，小站说明显示着"一个和过去和解的地方"，她按着鼠标往下浏览，出现了很多关于这个博物馆的图片。

（淡出）

场景三：博物馆初遇

外景·昙华林

薇薇手里拿着相机和一份手绘地图，走在通往昙华林的小路上，随手拍拍涂鸦的旧墙壁，颇有文艺风格的路标，一水石灰墙的路上，眼前出现了一座大红色的房子。

切至：

外景·Dream City 咖啡店

薇薇放下手中的相机，在这座红房子面前停下了脚步。门口有一张红木凳，旁边是一杆有些掉漆的路灯，顺势往上看，二楼有两扇被漆成绿色的木窗，隐约可见几个小桌，立着台灯。墙面上有"昙华林"三个大字。

仔细搜索才发现门把手上挂着一方小木牌，写着 yestoday 博物馆。

切至：

内景·Dream City 咖啡店一楼

薇薇推开门，后边的几层储物架上由下而上地堆放着明信片，80 年代的旧杯子，布艺的笔记本。

左边一块木制吧台，放着整齐的十来罐香料，旁边的盒子里堆着世界各地寄来的明信片，后面的炉子上放着一个小铁壶，冒着热气散发出红茶的香味，一个面相清新的女生在调着奶茶。

对白：

【薇薇】老板，这里的招牌是什么？

【女生】我不是老板，招牌，我手里的这杯就是，叫大隐隐于市。

【薇薇】那给我一杯吧。

薇薇拿着奶茶，还在打量着博物馆里的陈设，突然听到了一段特别好听的吉他声。顺着音乐，她向二楼走去，踩着吱呀的落叶，小心的走上了楼梯。

切至：

内景·Dream City 咖啡店二楼

薇薇到了二楼，看到一个铁艺的小椅上坐着一个清秀的女生，低着头，专注地拨弄琴弦，发出好听的声音。薇薇拉开板凳坐了下来。

看到手边的留言本，出于好奇，她翻阅了起来。

这时，弹吉他的女生停了下来，对对面一个坐着的女人（博物馆馆长）说。

对白：

【吉他女】我把这个放这里了，可以偶尔再来弹吧。

【馆长】可以的，但是你一旦寄存了，再来取时，得付它双倍的价格。

【吉他女】知道的。（转身离开）

7.1.5 分镜头剧本

文字剧本和拍摄场地确定后，前期准备工作就绪，大家都信心满满。本来想着分镜头剧本可读性不高，演员也不会去看，两个导演对场景做到心中有数就行，就没打算写分镜头剧本，结果实战操作时，还是发生了很多料想不到的麻烦。

我们的人力物力只能支持单机位拍摄，可是每个人的兴趣点不一样，你不能强硬地要求大家花大量的时间反复拍摄达到一个镜头的完美。刚开始拍摄时我们偏偏又手忙脚乱，一到对话镜头全景、过肩都要拍，光是台词不 NG 的情况就要拍到 4 条；我们的剧本是按场地的不同划分的场次，充当录音的场记第几场第几条完全凭着感觉顺着往下喊，镜头能不能衔接我们自己心里也没谱，加上拍摄回放时，发现打光有偏差就得重拍，大家在重复作业的过程中很容易就没了兴致。后来我们决定先剪辑一场戏出来试试看，想把不确定因素和时间的浪费降到最低。最后决定拟定完整的分镜头剧本，将未来电影画面和场面调度的设想予以细化，每个镜头采用推拉摇移何种方式做了定夺。我从网上搜索了一些经典电影分镜头剧本的案例，模仿规范格式完成了分镜头剧本，事实证明，分镜头剧本非常必要，而且事半功倍。（表 7-97-1）

表 7-1 分镜头剧本

镜号	景别	技巧	画面内容	解说词	音效	备注
63	近景		薇薇拿着话筒站在屏幕前	薇薇：今天唱歌我请客。	背着你，黑场开始，薇薇讲话时结束	
64	全景		小胖，小朵，小诗，项伟坐在对面沙发上	众人鼓掌起哄道：为什么呢？		
65	近景	反打	薇薇拿着话筒站在屏幕前	薇薇：过了今天，我就要和他暂时告别，等我考上了研究生，一定一定会回到他身边。美食诚可贵，追星价更高，若为考研故，两者皆可抛！ 薇薇：感谢各位的捧场，下面小诗来一首！		微微说完第一段众人鼓掌
66	中景至全	移、拉	KTV 环境交代，小诗起身接过话筒，薇薇入座	小诗接过话筒，开始唱歌，薇薇坐到了项伟旁边，在身后搜寻着	背景音乐，小诗唱的歌曲，环境声	
67	近景		薇薇左，项伟右	薇薇拿出了一张演唱会门票，对项伟说：演唱会我去不了了，你找别人陪你吧（给票），项伟有些迟疑		
68	近景		项伟在走廊掏出手机	项伟在门口徘徊了一会，还是拿出手机		
69	特写		手机屏幕特写	拨出了小蒙的电话号码		

7.1.6 拍摄

写完分镜头剧本就进入正式拍摄阶段了。因为这部剧还有毕业作品的身份，所以演员都定为同学来演，协调大家的时间，拍摄用时一周左右。除了熟悉场地和台词，每次拍摄前还有几项准备工作：

①检查设备状况，包括镜头、三脚架、电池、磁带、收音器、反光板、场记板、话筒、道具。

②明确当天的人员安排。

③对难度较大的镜头场景部署补救措施。

下面具体说说我们拍摄时遇到的一些主要问题：

有一场表现人物冲突的戏需要在 KTV 拍摄，故事内容大概是来薇薇给男朋友过生日，前女友却半路杀出搅局。（图 7-9）

图 7-9 KTV 场景

我们遇到了摄影用光和收音两个问题。

KTV 的照明条件有限，环境特别昏暗，为了保证画面质量，需要现场补光来实现基本照明。虽然后期可以调整曝光参数，但为了画面质量，最好还是前期解决。一开始我们调整不好角度，人物和环境光对比特别明显，看着特别突兀，有一场戏是来薇薇为男朋友准备了一面曾经合影的照片墙，前女友来搅局后，来薇薇要去把那些照片都撕掉，男朋友上前阻止，但是唱歌屏幕太亮，环境光又太暗，整场戏就看到两个黑影在那动来动去，完全看不出面部表情。后来我们减少了主光源，摄影师也将自动曝光改为手动曝光，多次尝试，最后要灯光助理站在板凳上，将光打到主要人物头顶，最终的画面才比较和谐。另外，因为要一次完成多场戏，当天 KTV 的人特别多，声音很嘈杂，我们就没有采用摄像机内置话筒，而是外接了一个指向性话筒。

图 7-10 东湖畅想

还说一个小插曲，戏里有一个情节是来薇薇端着蛋糕出现在男朋友面前想制造惊喜，前面庆祝生日的准备工作也要用到为蛋糕点上蜡烛的镜头，但我们当天只准备了一套蜡烛，前面因为校准光的原因拍摄多次，蜡烛已经烧完了，所以当来薇薇端着蛋糕出现时，蛋糕上的蜡烛就莫名其妙不见了，这个穿帮镜头虽然不起眼，却也是片中的小遗憾，这也是为什么要提醒大家，在场景复杂的戏里，要做好应急预案。

第二个例子是大家畅谈梦想的一场戏，主要来说说画面。

梦想是特别纯净的，因此，这个场景我选在了武汉大学的凌波门。画面整体上是大面积的湖水和一小条栈道，非常干净。镜头处理上，前面比较多地使用运动镜头，去贴合观众的视觉观察习惯，采用推、拉、摇、移、跟等技巧来表达场景与人物的关系，使画面充满活力，通过空镜头的渐次集中将唯美的画面拉回到四个畅谈梦想的主人公身上，然后采用了大量的固定镜头去突出人物语言。（图 7-10）

外景突发状况多，拍摄完成后大家最好能够回放，看看细节上有没有什么问题。那天拍摄是 11 月，整个栈道密密麻麻全都是蚊子，一开口就会有虫子跑进嘴里，大家本想速战速决，结果拍完一段一看，一组主人公边往前走边说话的镜头，收音器的阴影全程都出现在镜头里，穿帮太明显，只好又返回重拍，害大家又多吃了不少蚊子。当然，从最终效果来看，外景也最容易出彩，大家也都最满意这一部分。（图 7-11）

7.1.7　后期制作

我们使用了 Aodbe 公司的 Premiere，After Effects 和 Audition 三款软件进行后期制作。Premiere 主要用来剪辑组接镜头和字幕制作，After Effects 用来调色，Audition 用来调整声音。得益于前期工作的圆满完成，后期制作基本上没遇到什么问题。

后期制作的大致步骤是：

首先，按照剧本和场记记录的信息采集相应的视频、音频素材并进行分类整理。这样做可以在后期剪辑时，迅速找到需要的镜头，提高工作效率。

其次，在剧本的指导下，根据导演的要求将各类镜头进行组接。

第三，根据题材的不同，添加合适的特效和转场特效。

第四，根据短片的需要进行调色。

第五，添加音响、音效，并对不满意的声音进行调整。

第六，添加字幕。

第七，审核。包括影片节奏和镜头衔接是否符合剧本设定；画面有没有没剪干净的部分或是黑帧；音频是否和视频同步、是否连贯准确；字幕是否对位以及有无错别字等。

第八，输出成片。

图 7-11　收工

7.1.8　后记

这是我们在微电影这个题材上做出的第一次尝试，大家都付出了非常多的心血，虽然经验不足，剧本的完成度不高，甚至现在回过头来看，修改了无数次的剧本也显得特别稚嫩，但我一直记得在拍摄瓶颈时，一个伙伴安慰我说，事情的美好之处正在于它难以达到难以完成。当我怀着忐忑的心情将这个作品放到微博上时，很多人说，"你的大学生活为什么这么丰富"，"很用心，很棒"，其实我当时特别怕别人觉得没意思，太青涩。但即使真的糟糕又怎么样，不去经历这个过程，我们就永远没有动力去知道如何写分镜头剧本，镜头怎样衔接流畅，后期如何调色。也正是因为做出了这次尝试，我拿着这部不成熟的微电影在一家商业公司赢得了机会，参与了商业微电影的制作，学习了复杂镜头的拍摄，甚至还完成了水下镜头的拍摄。我想说的是，如果你是一个有想法爱电影的人，千万不要让你的 idea 变成过眼云烟，只要去实践，去面临问题、解决问题，你总会找到完美的表达方法。

人生总需要一些不一样的体验，当别人跟风拿起单反时，不如，拍部微电影吧。

7.2 微宣传片创作实务——图书馆宣传片创作实录①

7.2.1 前面的话

我们这个团队拍摄过的微视频作品包括微电影、广告短片、宣传片等三种类型。虽然一直不缺少朋友的帮忙，但实际上稳定的核心成员只有两个，人数是偏少的。我认为一个运作合理的学生团队人数应在3—5人左右。在刚接到图书馆宣传片的拍摄任务时，有一点毫无头绪，不知从何下手，因而也考虑太多。事实证明，只要了解了拍摄的目标和要求，就应该马上行动，一步一步地推进事情，一点点地完成，不然很可能会一直停留在空想阶段，不要在大格局的构架上耽误太多时间，这也是学生创作团队值得注意的一点。

我们的常规设备是：佳能600D一台，三脚架一个，但对这次的拍摄来说，这些是远远不够的。我们又添置了一米长的滑轨一个，小斯坦尼康一个。准备好这些，就正式开始我们的创作了。

7.2.2 创作日志

（1）5月12日　关于延时摄影的问题

这是一部图书馆的宣传片，应官方要求需要能提升学校图书馆对内对外的形象，更好地把图书馆的职能和细节展现在观众面前，做一次良好的品牌形象推广。然而我们的拍摄定位远不止于此。我们同时希望展现我们的拍摄水准和特效技术，所以第一个想法是片子里一定要有亮点，要有突出的镜头。由于当时正好看到了俄罗斯摄影大师Zweizwei的大范围运动的延时摄影的片子，而我们学校图书馆前有足够的场地条件让我们用这种手法来展示图书馆的壮观。于是我们决定尝试着拍几段延时摄影。

延时摄影就是把单个静止的图片串联起来，得到

图7-12　延时摄影中的一张照片

①图书馆宣传片创作实录由张迅撰写。

一个动态的视频。相机拍摄延时摄影的过程类似于制作定格动画。延时摄影多用于电影电视剧中表现时间的推移，比如白昼入夜、日出日落等等。也有专门制作延时摄影来表现城市、国家的浩瀚与大气。比如《这里是上海》《延时中国》等等。（图7-12）

图 7-13 大范围运动延时摄影中的一张照片

但在试拍的过程中，我们出现了无法预知的问题：黄昏入夜的闪烁以及画面的抖动。接下来的两天我们在网络中搜寻着各种讯息和资料，并且加入了一个专门针对延时摄影的聊天群，在那里终于找到了我们需要的解决办法。借用AECS6内置的稳定插件warp stabilizer可以较好地解决画面的抖动问题，使整体效果更加平滑。就这样，在边拍摄边学习的过程中，我们一步一步地推进，一步一步解决问题，比执着于整体架构的构思要更加有效。

（2）5月14日　正式延时摄影拍摄

解决了延时摄影技术上的难题，我们才进入正式的宣传片拍摄阶段。图书馆前后都有一大块较为开阔的场地，因此我们计划在图书馆的正面和背面拍摄两组大范围运动的延时摄影镜头。可是毕竟是第一次拍摄，并不清楚怎么很好地驾驭这种镜头。在实地的练习和拍摄中，我们借助已有的拍摄理论，并根据自己的理解，摸索了一套特有的方法。虽然方法不一定完美，但是最后的效果还是令人满意的。

我们拍摄大范围移动的延时摄影的方法是以广场上的地板为基准，先拍摄一张照片，然后等距离移动拍摄下一张，以此类推，每张照片的焦点需要放在同一个位置。拍摄这两段大范围运动的延时摄影花了整整一天的时间。（图7-13）

敢于尝试，是这一次延时摄影最大的心得。在你的片子里加一些你喜欢的但是你不一定会的东西去逼迫自己学习、挑战，这也是对自己很大的锻炼。

（3）5月15—16日　画面与音乐的适应性

通过延时摄影，我们完成了一些还算精妙的细节镜头，这也让我们对宣传片的形式、节奏、镜头等的整体构思有了进一步的判断，我们又结合其他很多学校的图书馆宣传片，从中吸取经验。最终我个人把片子的基调定位为唯美的慢节奏的片子。（图7-14）

图 7-14 安静的图书馆一角

接下来，我们根据已写出来的分镜头剧本拍摄了图书馆从早晨开馆到晚上闭馆的一天。整个片子的创作流程跟常规的宣传片的制作其实是不太一样的。一般的宣传片拍摄是先拍摄尽可能多的相关镜头，在后期剪辑时再选取音乐。而我这次是先剪好了音乐再根据音乐的长度和节奏去设计能够搭配的分镜头。我认为这样做能够让我对整个宣传片的思路梳理得更加清晰，对视频的整体节奏有一个基本的把握。所以在拍摄镜头时基本也能对应着音乐选择适合的画面，更能把握好整个视频的风格以及画面与音乐的适应性。

当然，这种先确定好主题音乐，再直接贴合音乐去选择拍摄镜头的方法比较适用于本片前段三分钟左右的短视频。如果是十分钟左右的视频，由于要拍摄数量非常大的镜头，所以无法在拍摄时以音乐为准，并且一首音乐无法匹配视频的长度，因此应当在后期时根据节奏的变化选取适合的背景音乐。

（4）5月17—18日　拍摄过程的艰辛

所有的创作过程都需要有一个前后相继性，最好是集中的连续的过程，微视频的拍摄和制作也是如此。拍一天歇两天的方法会严重地打断创作思路，因此我们把拍摄时间压缩在了两天，这是相当艰辛的两天。两天里我们凌晨起来拍过日出，一大早守在图书馆开门时抢拍一些宁静祥和的画面，一直守到深夜直到图书馆闭馆熄灯拍摄关灯的场景。晚上拍摄图书馆关灯时的镜头花费的时间比较多。图书馆的电源开关按钮设置得很复杂，我们设计的逐层关灯情景拍摄起来并不容易，图书馆老师给我们提供了最大的帮助，每个人负责一个楼层，所幸最后在多位老师的配合下依旧顺利完成了。宣传片和剧情片不一样的地方在于需要尽可能真实地还原现场，所以我们节约了大量安排演员的时间，人物基本上就近选择正在图书馆学习的同学们。由于有了前期的分镜头脚本做基础，拍摄思路非常清晰，拍摄进展也是十分顺利，分镜头脚本的重要性也由此体现出来。当然并不是每一个镜头都能按照脚本计划进行，也可能因为场景问题以及实际操作中出现的突发状况，导致一些镜头效果无法实现，但是如果没有分镜头只在现场凭借想象乱拍是绝对不行的。在实际拍摄中，我们根据现场情况临时替换掉了一些难以操作的镜头，也补充了一些现场发掘出来的好镜头。总的镜头量没有太大的变化，能够满足原定的计划和要求。整个拍摄过程虽然是艰辛的，但成绩也是显然的。（图7-15）

图7-15 图书馆关灯镜头的构图

（5）5月19日　后期是第二次创作

拍摄完成之后视频就进入后期制作阶段。后期是对影片的第二次创作，是让你的想法完整呈现的关键一环。好的后期能对片子增光添彩，反之，如果后期没有做好，即使拍摄得很好，片子一样会沦为平庸之作。后期分为剪辑与特效。剪辑是对素材的分类、挑选、整合以及重组的一个过程，而特效则是对你的影片进行包装，使它不显得一成不变。特效包装在商业宣传片中是很关键的一部分，可以说它很大意义上决定了你的片子是否能成为一个佳作。我们做的这个片子的前段宣传片部分长度不长，加上定位于清新简单的风格，所以并没有进行过多的特效包装。

因为在拍摄开始前就确定了背景音乐，镜头的选取与拍摄也是建立在音乐的节奏之上，脑袋里对影片的最终效果比较清晰，所以剪辑起来并没有什么困难，时间也用得不长，一天的时间就完成了影片的基本剪辑。但是剪辑的最终效果我自己并不满意，而且担任摄像的我的室友也不满意。我们对于影片的风格产生了一定的争执，我觉得整体显得有一些平淡但是不需大改，换一些镜头即可。而他认为片子节奏太慢，而且对图书馆的信息体现得不够，很多细节没有表现到。在写最初的分镜头本时，我就不主张要表现图书馆的所有信息。因为前段的宣传片只是整个片子的一部分，后面还有读者培训指南。我认为细节和具体的介绍是应该放在那里面去体现的。但是他仍然觉得片子现在的情况不算太好，坚持要自己剪一个节奏比较快速，信息比较全面的版本。为了赶在第二天把成品交给老师，他连夜剪出了与原先版本不同的一个片子。

（6）5 月 20 日　两个版本的选择

今天要去交成品了，我把两个版本都带去给了老师，也把我们两人各自的想法向老师阐述了一遍，老师对两个版本的整体效果都比较满意，但也很是慎重地提出需要开会讨论来决定究竟选择哪一个版本。最后下午开完会，老师们的决定是坚持影片基调的相对唯美，而且后面也有足够的篇幅去表现图书馆的信息，所以选择了慢节奏的版本，并提出了一些修改意见和一些需要更换的镜头。通过这次意见的反馈，使我们知道了以后拍摄要更加地注意细节，你不能够只站在拍摄者的角度去评判这个场景的构图好不好看，光线充不充分，你还需要站在受众和客户的角度进行双重考虑。比如我们拍摄图书馆打扫时的一个场景，用滑轨拍的图书馆外清洁工喷洒水清洗台阶的镜头，我们只去注意角度、光线、构图以及滑轨运动的效果，却没有注意到栏杆上挂了几条在晾晒的地毯，晾晒的地毯大大降低了画面的美感。遗憾的不是这个镜头最终不能被用上，而是我们一直竟然没有发现这个问题的存在。直到老师们提出来，我们才意识到。创作者在创作过程中，往往沉浸在自己的设计和畅想之中，却忽略了一些显而易见的问题。也许，这还是经验的缺失所致。根据老师们提出的意见，我们做了尽快的补拍以及后期的修改，最终完成了整个创作。

7.2.3 创作心得

这次的片子其实与之前做过的有很大的区别，之前一直是兴趣使然，想拍什么拍什么，想怎么拍怎么拍，出的一些小问题在不影响大局的情况下也经常是能简单处理就简单处理。这一次的创作面对的是真实的客户，要根据客户的意愿去完成你的作品。所以，既要表现自己的创作理念，又要满足客户的要求，如何在客户与你自己的意愿之间找到平衡点是很重要的。

另外很重要的一点就是要敢于去挑战。最初接到宣传片项目的时候，我和摄像都不确定我们是否能做出一个成熟的商业片子。但从立合同开始一步一步地做到最后，我们最终很好地完成了这一次任务。我觉得最重要的就是不要卡在开始，先易后难，把有把握的部分逐项完成，自己的内心也会越来越踏实。

7.3 微广告创作实务——东湖学院视频展播微广告制作[1]

7.3.1 微广告整体构思

视频展播是东湖学院传媒与艺术设计学院的专业特色 show，也成为了一年一度的期末重头戏。在首届的视频展播中，我们广告社团承接了此次视频展的宣传工作，为此我们制作了这一微视频广告，将此次展播的举办时间、内容和参展信息等告知给学校师生。这一视频以纯后期软件制作，希望以震撼的影音效果来吸引大家的眼球。视频短小精悍，但却容纳了多种设计元素和具有强烈视觉冲击力的画面感，如金属质感的立体字、炫丽的光效、飞舞的粒子等。在视频作品中，三维文字是常用的表现元素，也需要精细的技术处理。在 After Effects 中，虽然，可以制作立体文字，但是在质感方面，比较单一，无法表现复杂的材质，也无法实现复杂的动画效果。因此，我们使用了 Adobe Illustrator，After Effects 以及三维软件 Cinema 4D 共同完成整个视频的制作。

7.3.2 微广告制作过程

（1）制作矢量文件

①在 Adobe Illustrator 中新建立一个 1280×720 的文档，如图 7-16 所示。

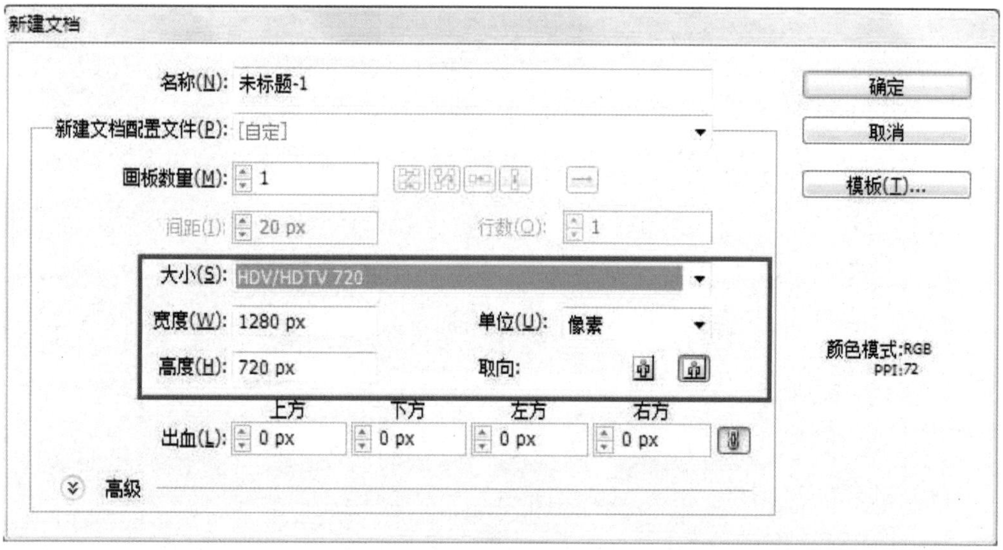

图 7-16

①东湖学院视频展播微广告制作由刘瑞撰写。视频网址：http://v.youku.com/v_show/id_XNjgwMjM1ODAw.html

②使用文字工具，输入文字"传媒与艺术设计学院"，选择微软雅黑字体，选择合适的大小，调整文字的位置，回到选择工具（快捷键 V），在文字上单击鼠标右键，创建轮廓，将文字转成为矢量图形，如图 7-17 所示。

③继续输入文字"优秀广播电视作品展播""2012"，创建轮廓，并添加橄榄枝素材，如图 7-18 所示，使其整体位于画布中心。

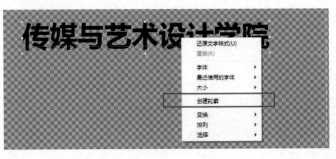

图 7-17

图 7-18

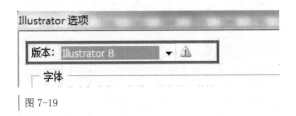

图 7-19

④完成文字的创建后，由于 Cinema 4D 对其他版本的 Ai 文件支持不好，所以另存为 Illustrator 8 版本，得到矢量文件 Text1.ai。（图 7-19）

（2）Cinema 4D 中制作立体文字动画

①打开 Cinema 4D，将上一步得到的文件 Text1.ai 直接拖入 Cinema 4D 界面中，弹出导入对话框，确定即可，得到如图 7-20 所示的样条线。

②执行主菜单 > 创建 >NURBS> 挤压 NURBS，为该样条线添加挤压 NURBS 命令，使其成为挤压 NURBS 的子集，如图 7-21 所示。挤压 NURBS 是针对样条线建模的工具，可将二维曲线挤出三维模型。

③进入挤压 NURBS 对象选项卡面板，设置移动参数为 0cm、0cm、30cm，分别表示在 X 轴、Y 轴、Z 轴挤出的距离。并勾选层级选项，这样样条线便得到挤压。（图 7-22）

④进入封顶面板，分别设置顶端和末端的圆角类型为圆角封顶，布幅为 1，半径为 2cm。使文字的顶端既有圆角同时又具有封顶，变得更加圆润。如图 7-23 所示。

⑤在材质选项卡下，双击创建一个新的材质球，双击弹出材质编辑器面板。在颜色选项下，导入金属材质贴图 metal_texture.jpg，为其并为其添加过滤器命令，设置明度为 – 55% ，对比度为 42%，增加材质对比度。如图 7-24 所示。

⑥勾选反射选项，在纹理下选择菲涅（Fresnel）反射，设置亮度参数为 5%，混合强度为 13%。如图 7-25 所示。

图 7-20

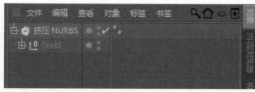

图 7-21

图 7-22

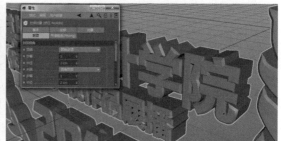

图 7-23

图 7-24

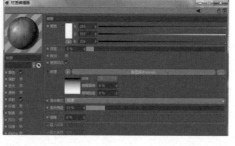

图 7-25

⑦勾选凹凸通道，该通道通过贴图的黑白信息来定义凹凸的强度。复制颜色下的纹理通道，粘贴至此，设置强度为 30%，如图 7-26 所示。

图 7-26

⑧将材质赋予模型，直接拖至挤压 NURBS 即可。点击材质球，进入纹理标签，将投射方式改为立方体，Ctrl+R 渲染观察。（图 7-27）

图 7-27

⑨在材质选项卡中，复制该材质球，单独为模型的倒角设置材质。进入编辑面板，在反射通道中设置亮度为 25%，混合强度为 46%，在高光通道中设置高度为 60%。（图 7-28）

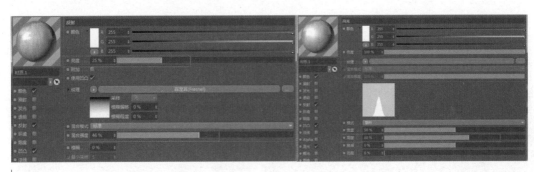

图 7-28

⑩将该材质球添加至挤压 NURBS 上，进入该材质纹理标签，在选集下输入 R1，这样便单独为模型文字的倒角设置了材质，使文字的倒角更加具有光泽。（图 7-29）

图 7-29

⑪为场景添加灯光，执行主菜单 > 创建 > 灯光 > 灯光，将其拖拽至模型左上方，作为主光源，复制 2 盏，分别置于模型右方和后上方，作为辅光源，将辅光强度改为 70%。（图 7-30）

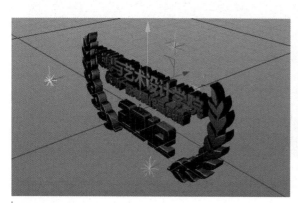
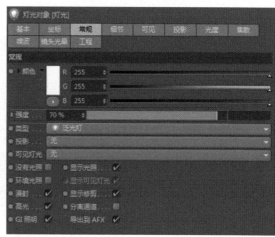

图 7-30

⑫为场景创建天空，执行主菜单 > 创建 > 场景 > 天空。需要为天空添加一个 HDRI 文件，执行主菜单 > 窗口 > 内容浏览器，该窗口包含场景、材质、模型、预设等文件，在预置中可直接拖拽文件加载使用。选择一个 HDRI 文件拖入材质面板中，并拖入天空。（图 7-31）

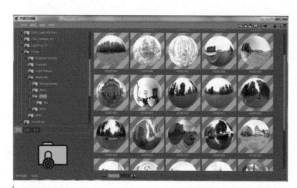

图 7-31

⑬鼠标右键，在 Cinema 4D 标签中选择合成标签，在合成标签选项卡下，取消摄像机可见，这样场景渲染便看不见 HDRI 贴图了。（图 7-32）

图 7-32

⑭执行主菜单 > 创建 > 摄像机 > 摄像机，重置其位置，使摄像机位于场景中心，如图 7-33 所示。

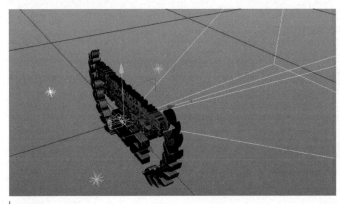

图 7-33

⑮给摄像机位置做位移动画，点击摄像机，进入属性选项卡，选择坐标。在 0 帧位置，输入关键帧数值 425，20 帧 设为 1130，120 帧设为 –1540。（图 7-34）

图 7-34

⑯完成摄像机动画后，稍作调试，就可以输出了。快捷键 Ctrl+B 进入渲染设置面板，在输出选项下设置宽度为 1280、高度为 720，将帧范围改为全部帧。在保存选项下，设置渲染输出位置，勾选 Alpha 通道，完成后按 Shift+R 渲染到图片查看器，软件将自动完成渲染。（图 7-35）

图 7-35

（3）在 After Effects 中合成文件

①新建一个 HDV/HDTV 720P 的合成。参数设置如图 7-36 所示。

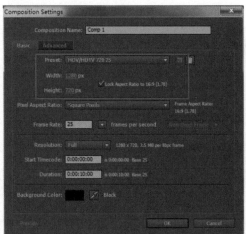

图 7-36

②将渲染得到的序列帧文件导入 After Effects，弹出对话框，勾选 Straight-Unmatted，可以看到文件具有 Alpha 通道。（图 7-37）

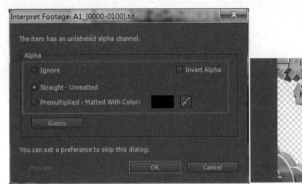

图 7-37

③新建纯黑固态层，命名为 BG，作为背景。在 A1.tif 序列帧上加入 Curves 曲线特效，增强对比度。加入 RSMB 特效，预览可发现视频具有了运动模糊效果。Revisionfx ReelSmart Motion Blur 是一款强大的运动模糊滤镜插件，它可以自动在视频序列中添加自然的运动模糊效果，无需过多的手动操作。（图 7-38）

图 7-38

④ Ctrl+D 复制一层得到 A2.tif，关闭 A1.tif 的可见属性。为 A2.tif 加入 Keying 下面的 Extract 抽出命令，拖动左边滑条至右边位置，抽出黑色部分。加入 Fast Blur ，设置 Blurriness 参数为 2.0。加入 Directional Blur 径向模糊，设置 Blur Length 参数为 45.5，如图 7-39 所示。

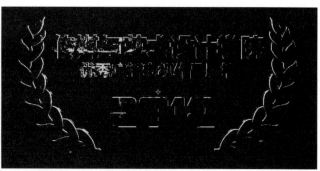

图 7-39

⑤将 A2.tif 的图层混合模式改为 Add，打开 A1.tif 的可见属性，可以看到文字边缘有一层炫丽的光效。（图 7-40）

图 7-40

⑥将素材文件 Clouds.mov 拖入时间线，至于背景层上，赋予整个场景动感。

⑦新建纯黑固态层，命名为 Flares，加入 Optical Flares 特效，将图层混合模式改为 Screen。加入 Optical Flares 镜头光晕特效。点击 Opinions 打开主面板，点击 Preset Browser 打开预设光效，选择一个金黄色的灯光后，点击 OK 回到 AE，如图 7-41 所示。

图 7-41

⑧移动光效位置至画面右下方，按住 Alt+ 鼠标左键点击 Scale 参数码表，输入表达式 wiggle（5，10），使光效不断地闪烁。继续添加 Fast Blur 特效，设置参数为 80，使光效虚幻。（图 7-42）

图 7-42

⑨新建调节层，加入 Curves 特效，在 Blue 通道稍稍压低曲线，前后效果对比如图 7-43 所示。

图 7-43

⑩新建黑色固态层 Flares 2，添加 Optical Flares 特效，将图层混合模式更改为 Add，添加基础的白色光效。将其位置移动至画面左侧，为 Brightness 添加关键帧，第一帧参数设置为 210，使灯光覆盖整个画面，第 7 帧参数设置为 90。依旧为 Scale 添加表达式 wiggle（5，10），使灯光不断闪烁，如图 7-44 所示。

图 7-44

⑪继续添加粒子丰富整个画面，新建黑色固态层 Particles，加入 CC Particle World。将 Longevity 生命值参数设置为 3，Animation 改为 Twirl 扭曲，降低 Velocity 速度为 0.56，将 Gravity 重力更改为 0.02，将 Particle Type 粒子类型改为 Faded Sphere，将 Brith Size 参数设置为 0.03，Death Size 为 0.04，移动粒子中心点移动至右下方，这样整个粒子便飞速运动，如图 7-45 所示。

⑫通过以上操作，便完成了镜头一的制作，打开运动模糊开关，小键盘 0 键预览。按照此方法，便可依次完成其他文字的制作。（图 7-46）

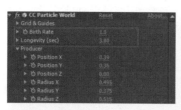

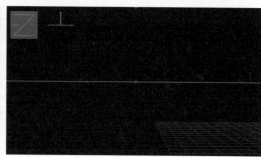

图 7-45

图 7-46

7.4 微动画创作实务——追忆《我的大学三年》①

7.4.1 导演阐述

这是我的第一部动画短片，整个创作也是由我一个人独立完成。与其说是导演阐述，不如说是我的自白。

①追忆《我的大学三年》由唐会军撰写。视频网址：http://v.youku.com/v_show/id_XNzA1MTYzMjU2.html

2013 年 3 月，刘老师让我们创作一个与自己大学生活相关的微视频，这一下子让我的内心有点按捺不住，就在此前，我一直有过做一部关于自己大学生活的动画短片的想法。刚好借这个契机，过一把动画视频创作的瘾。于是我就开始制作一部以自己大学三年为主要题材的二维 flash 动画短片，片名叫做《我的大学三年》。

7.4.2 角色设定

《我的大学三年》里面总共设定有 10 个人物角色，分别是：我（也叫兔子先生）、NC 哥、口水哥、拖鞋小王子、脑残妹、面霸张、减肥唐、哇哈哈、乌龟先生和另外一个开场角色。

主角："我"（又称兔子先生）

好动的"NC 哥"　　　喜欢 Bbox 的"口水哥"　　　一年四季穿拖鞋的"拖鞋小王子"

喜欢叫别人脑残的"脑残妹"　　特别能吃的"面霸张"　　一直在减肥的"减肥唐"

智者"乌龟先生"　　　　　好喝的"哇哈哈"　　　　　开场"海盗船长"

在角色设定方面，主角"我"是一只背着红色挎包的胖兔子。其实我本人挺瘦的，一直希望自己变胖点，所以在主角的设定上是一个胖胖的兔子。另外，红色挎包是我从大一用到大三特别喜欢的一个包，所以主角兔子先生一直背着它。其他人物角色的设定的原型都来自于身边一些特别有个性的同学和好朋友，如好动的 NC 哥、喜欢说唱的口水哥、常年穿着拖鞋的拖鞋小王子等。

7.4.3 文字脚本

（1）大一

■记得，大一刚来学校那会，它还叫武汉大学东湖分校。

　第一次来到学校报到的场景，即用画面还原第一次跨入校门的那一刻。

■刚来学校，特别是军训那段时间特别想回家。

　梦里回家的场景。

■ 大一的学习生活过得很踏实。

　做过学霸，经常熬夜赶作业。

■开始介绍武汉的天气。

　这里的天气很神奇，那场雨整整下了一个月，听说淹死了很多鱼。

　后来雨停了，世界末日就来了。后来听新闻说那叫做雾霾……

　这儿很热。

　这儿也很冷，冷的你想去挤 901。

■可是，就在这儿，我认识了很多好朋友。

　NC 哥、口水哥、拖鞋小王子、脑残妹、面霸张、减肥唐……

（2）大二

■ 当过部长，但最烦开会。

　（开会场景）

■那个时候，最喜欢上摄影课。

　（拍照场景）

■那个时候，也曾经常逃课出去钓鱼。

　（钓鱼场景）

■那个时候，会毫无顾忌地去喜欢一个人。

（拿着花去表白的场景）

被拒绝后的伤心难过。

（埋葬自己过去不好记忆的场景）

（3）大三

■该放飞梦想了。

（放风筝的场景）

■于是，开始了自己艰苦的创业旅程。在这个过程中也曾流过泪，也学会了乐观向上。

（搬运货物的场景）

■对自己爱好各方面一个全面的介绍。

马上就大四了，对未来充满了期待和恐惧。

■完。

7.4.4 草图构思

刚到学校时候的场景设定

回家的场景设定

雾霾来了场景设定

失恋伤心难过的场景设定

做学霸场景设定

熬夜赶作业场景设定

下雨场景设定

挤 901 公车场景设定

自己创业场景设定

上摄影课场景设定

片尾结束场景设定

7.4.5 分镜头脚本

镜头	片名：《我的大学三年》	镜头说明
1		镜头向 上升 全景不变
2		
3		
4		

镜头	片名：《我的大学三年》	镜头说明
9		镜头向 上升 全景不变
10		切镜头
11		特写
12		镜头 往后拉

镜头	片名：《我的大学三年》	镜头说明
5		镜头 推近 大全景
6		
7		
8		

镜头	片名：《我的大学三年》	镜头说明
13		镜头拉远 中景
14		全景
15		人物入画
16		切镜头

镜头	片名：《我的大学三年》	镜头说明
17		特写
18		拉镜头
19		NC哥 入镜 跟拍
20		

镜头	片名：《我的大学三年》	镜头说明
21		镜头 推近
22		口水哥 入镜 镜头推近
23		拖鞋入画 镜头上移
24		

镜头	片名：《我的大学三年》	镜头说明
25		镜头做 旋转运动
26		镜头推近
27		
28		

镜头	片名：《我的大学三年》	镜头说明
29		镜头 向左移
30		拉镜头
31		面霸张 出画
32		转场

镜头	片名：《我的大学三年》	镜头说明
33		镜头 向前推 人物入画
34		转场 过渡
35		全景 镜头 推近
36		特写

镜头	片名：《我的大学三年》	镜头说明
41		镜头 跟拍
42		人物入画 镜头前推
43		
44		

镜头	片名：《我的大学三年》	镜头说明
37		镜头 特写
38		镜头 后拉
39		
40		淡出 转场

镜头	片名：《我的大学三年》	镜头说明
45		镜头 向右移 全景
46		拉镜头
47		转场
48		

镜头	片名：《我的大学三年》	镜头说明
49		镜头 向前推 人物入画
50		
51		
52		

镜头	片名：《我的大学三年》	镜头说明
53		多画面 渐入
54		
55		
56		

镜头	片名：《我的大学三年》	镜头说明
57		镜头 特写
58		拉镜头
59		镜头 跟拍 推近
60		

镜头	片名：《我的大学三年》	镜头说明
61		镜头 向上移 全景
62		拉镜头
63		
64		

7.4.6 创作过程

首先是用铅笔在纸上面画人物线稿。由于对动画创作这一块还不是很了解，便去图书馆恶补了一些有关动画角色设计的书籍，后来开始自己用铅笔在手绘本上面创作主要角色人物和简单场景。

设计稿部分结束之后，开始进入原画绘制阶段。原画绘制我主要是借助 ps 这个软件，布置如下：第一步，先把铅笔稿拍成照片的形式；第二步，借助 ps 的画笔工具沿着手绘人物铅笔稿的轮廓部分进行勾勒、上色，再将其保存为 png 格式的图片形式；第三步，用 ps 绘制出动画情景场面图片。这几步都完成之后再将图片按不同镜头编好序，为后期合成做好准备。

7.4.7 后期合成

那个时候我只接触了一个视频编辑软件——Adobe Premiere，所以我所有的后期合成都是在 Adobe Premiere 里面实现的。用 Adobe Premiere 将准备好的 png 格式图片设置关键帧和运动轨迹，然后再设计画面的转场以及添加背景音乐。完成以上步骤，一部简短的二维动画就完成了。

参考文献

[1]〔美〕尼古拉斯·米尔佐夫.视觉文化导论［M〕.倪伟,译.南京:江苏人民出版社,2006.

[2]邢强.微视频的媒介品质与时代意义[D].苏州:苏州大学,2009.

[3]王菲.媒介大融合[M].广州:南方日报出版社,2007.

[4]许南明,富澜,崔君衍.电影艺术词典[M].北京:中国电影出版社,1986.

[5]夏衍.写电影剧本的几个问题[M].北京:中国电影出版社,1980.

[6]唐守国,方宁,王健,王明升.Premiere Pro CS3影视编辑从新手到高手[M].北京:清华大学出版社,2008.

[7]Richard Harrington,Mark Weiser,RHED Pixel.专业网络视频手册[M].张可,译.北京:人民邮电出版社,2012.

[8]张燕翔.DV影响创作宝典:从技术到艺术[M].北京:清华大学出版社,2013.

[9]Gerald Millerson,Jim Owens.视频制作手册[M].李志坚,译.北京:人民邮电出版社,2011.

[10]王婧.数字视频创意设计与实现[M].北京:北京大学出版社,2010.

[11]张秋平,许旸,王也.影视短片创作[M].江苏科学技术出版社,2010年

[12]刘秀梅.影视动画后期编辑与合成[M].南京:江苏科学技术出版社,2010.

[13]新视角文化行.Premiere Pro CS5完全学习手册[M].北京:人民邮电出版社,2012.

[14]崔燕晶.Premiere Pro完全征服手册[M].北京:中国青年出版社,2004.